JN300154

高専テキストシリーズ
物理問題集

監修
潮　秀樹

共著
大野　秀樹
小島洋一郎
竹内　彰継
中岡鑑一郎
原　嘉昭

森北出版株式会社

● 本書のサポート情報を当社Webサイトに掲載する場合があります．下記のURLにアクセスし，サポートの案内をご覧ください．

https://www.morikita.co.jp/support/

● 本書の内容に関するご質問は，森北出版 出版部「(書名を明記)」係宛に書面にて，もしくは下記のe-mailアドレスまでお願いします．なお，電話でのご質問には応じかねますので，あらかじめご了承ください．

editor@morikita.co.jp

● 本書により得られた情報の使用から生じるいかなる損害についても，当社および本書の著者は責任を負わないものとします．

■ 本書に記載している製品名，商標および登録商標は，各権利者に帰属します．

■ 本書を無断で複写複製（電子化を含む）することは，著作権法上での例外を除き，禁じられています．複写される場合は，そのつど事前に（一社）出版者著作権管理機構（電話03-5244-5088，FAX03-5244-5089，e-mail：info@jcopy.or.jp）の許諾を得てください．また本書を代行業者等の第三者に依頼してスキャンやデジタル化することは，たとえ個人や家庭内での利用であっても一切認められておりません．

まえがき

　物理を理解するためには，問題を自分で解くことが非常に大切である．そこで，教科書を著すにあたって，教科書に準拠した問題集を合わせて出版することになった．

　問題も，図を多用しているのはもちろんであるが，教科書と同じ順番で書かれているため使いやすくなっていると思う．さらに，最初のうちは中学を卒業したばかりの学生が使用することを考え，できる限り平易になるよう心がけている．また，詳解がついていることもこの問題集の特徴である．なお，問題の中にはやや難しい問題も含まれているが，これらには **チャレンジ** がつけてあるので活用してもらいたい．独力で解けない問題は，詳解をみて理解するよう努力してほしい．

　さらに，技術者を養成するという高専の特徴から，有効数字を考慮して解答を作ってある．とくに有効数字を考慮する必要がない旨を記してある場合を除き，教科書巻末の付録の有効数字についての解説を参考にして，有効数字にも注意を払って考えてほしい．なお，本書の問題では，途中結果と最終結果を問うていることがある．その場合，途中結果は四捨五入して有効数字を考慮してあるが，最終結果を計算するときの途中結果の値としては，四捨五入する前の値を使用している．そのため，問題の答としての途中結果の値と，最終結果を求めるための途中結果の値が少し異なることがある．

　本書には，不十分な箇所も残っていると考えられるが，隔意のないご意見やご叱正をいただければ幸いである．

2013 年 8 月

潮　秀樹

目次

第1章 力と運動

- 1.1 運動の表し方 …… 1
- 1.2 力と運動の法則 …… 3
- 1.3 いろいろな運動 …… 5
- 1.4 運動量と力積 …… 6
- 1.5 力学的エネルギー …… 7
- 1.6 平面・空間での運動 …… 9
- 1.7 剛体や流体にはたらく力 …… 11

第2章 波動

- 2.1 光の進み方 …… 13
- 2.2 直線上を伝わる波 …… 16
- 2.3 平面・空間を伝わる波 …… 18
- 2.4 音波 …… 20
- 2.5 光波 …… 23

第3章 熱と分子運動

- 3.1 温度と熱 …… 26
- 3.2 気体分子の運動 …… 28
- 3.3 熱力学の第1法則 …… 31
- 3.4 熱力学の第2法則 …… 34

第4章 電気と磁気

- 4.1 静電気力 ································· 36
- 4.2 電界とガウスの法則 ······················· 37
- 4.3 電 位 ··································· 39
- 4.4 コンデンサー ····························· 40
- 4.5 電流と電圧 ······························· 41
- 4.6 直流回路 ································· 42
- 4.7 電流と磁界 ······························· 42
- 4.8 電磁誘導と交流 ··························· 44
- 4.9 電磁波 ··································· 46

第5章 原子の世界

- 5.1 電 子 ··································· 47
- 5.2 原子と原子核 ····························· 48
- 5.3 原子核の崩壊と放射能 ····················· 49
- 5.4 波動性と粒子性 ··························· 50
- 5.5 原子の構造 ······························· 52
- 5.6 素粒子 ··································· 54

解 答

- 第1章　力と運動 ······························· 55
- 第2章　波　動 ································· 76

第3章	熱と分子運動	96
第4章	電気と磁気	108
第5章	原子の世界	127

第1章 力と運動

1.1 運動の表し方

1　次の文章の空欄にあてはまる語句または式を答えよ.

　　動いた距離を経過時間で割ると, (①) になる. (①) に符号をつけて, 運動の向きも同時に表したものを (②) という. 同様に, 動いた距離に符号をつけて, その向きも同時に表したものを変位という. (②) が変化しているとき, 最終的な変位を経過時間で割ると, (③) となる. したがって, 時間 t_1 における位置を x_1 とし, 時間 t_2 における位置を x_2 とすれば, 時間 t_1 と t_2 の間の (③) は (④) となる.

2　ある自動車が時速 54 km で走っている. 秒速に直すと何 m/s か. また, 5 分間に進む距離は何 km か.

3　次の速さを ( ) 内の単位で表せ. 有効数字は考慮しなくてよい.
(1) 60 m/min (cm/s)　(2) 1.2 km/h (m/min)　(3) 10 cm/s (m/h)

4　ある物体の運動について, 基準点からの距離が $s = t^2$ であるとして, 次の問いに答えよ. ただし, 距離は小数第 2 位まで, 速度は小数第 1 位まで答えよ.
(1) 各時間の動いた距離を計算し, 次の表を完成させよ.

時間 t [s]	0	0.5	1.0	1.5	2.0	2.5
距離 s [m]						

(2) 上の表を使って 0.5 秒ごとの平均の速度を計算し, 表を作れ. たとえば, 1.0 秒から 1.5 秒の平均の速度は 1.0〜1.5 の欄に書け.

(3) 動いた距離の表を使って, 動いた距離のグラフを描け. 次に, 平均の速度を時間の平均のところにプロットして, 速度のグラフを描け. たとえば, 0 秒から 0.5 秒の平均の速度は, 0.25 秒のところにプロットせよ.

5　次の文章の空欄にあてはまる語句または式を答えよ.

　　速度の変化する割合を (①) という. したがって, 時間 t_1 における速度を v_1 とし, 時間 t_2 における速度を v_2 とすれば, 時間 t_1 と t_2 の間の平均の (①) は (②) となる. 速度が減るとき, (①) の符号は (③) となる.

6　ある自動車が, 出発から最初の 30 分を速さ 40 km/h で走り, その後, 高速道路に乗って速さ 100 km/h で 1 時間 15 分走ってから, 一般道に下りて速さ 60 km/h で 45 分走り, 目的地に到着した. この自動車の出発から到着までの平均の速さを求めよ. 有効数字は考慮しなくてよい.

7　ある物体の運動について, 0.5 秒ごとの平均の速度が次の表のように与えられているとする. 0.5 秒ごとに動いた距離 Δs を小数第 2 位まで計算し, 表を完成させよ.

時間 t [s]	0〜0.5	0.5〜1.0	1.0〜1.5	1.5〜2.0	2.0〜2.5	2.5〜3.0
平均の速度 v [m/s]	0.50	1.50	2.50	3.50	4.50	5.50
距離 Δs [m]						

次に，基準点からの距離 s を小数第 2 位まで計算し，次の表を完成させよ．

時間 t [s]	0	0.5	1.0	1.5	2.0	2.5	3.0
距離 s [m]							

8 次の文章の空欄にあてはまる語句または式を答えよ．
　物体が一定の加速度で直線上を進む運動を，（ ① ）という．加速度 a, 初速度ゼロで（ ① ）している場合, t 秒間に動いた距離は（ ② ）である．また，時間 t における速度は（ ③ ）である．

9 ある物体の初速度 v_0 と加速度 a が次のようであるとき，2 秒後の速度を求めよ．
(1) $v_0 = 2$ m/s, $a = 1$ m/s^2　　(2) $v_0 = -2$ m/s, $a = 1$ m/s^2
(3) $v_0 = 2$ m/s, $a = -1$ m/s^2　(4) $v_0 = -2$ m/s, $a = -1$ m/s^2

10 ある物体の初速度 v_0 と 5 秒後の速度 v が次のようであるとき，平均の加速度 a を求めよ．
(1) $v_0 = 5$ m/s, $v = 15$ m/s　　(2) $v_0 = -5$ m/s, $v = 15$ m/s
(3) $v_0 = 5$ m/s, $v = -15$ m/s　(4) $v_0 = -5$ m/s, $v = -15$ m/s

11 速度 v [m/s] が $v = 2t$ で与えられるような等加速度直線運動について，時間 t [s] における動いた距離 s [m] を求め，グラフを描け．

12 初速度が 3.0 m/s であり，加速度が 4.0 m/s^2 であるとき，10 秒後の速度 v と動いた距離 s を求めよ．

13 時間 t 秒における速度 v [m/s] が次式で与えられるとき，以下の問いに答えよ．ただし，有効数字を考慮しないでよい．

$$v = \begin{cases} 2t & (0 \leq t \leq 1) \\ 2 & (1 < t \leq 2.5) \\ -\dfrac{4}{3}(t-4) & (2.5 < t \leq 4) \end{cases}$$

(1) 1 秒までに動いた距離を求めよ．
(2) 1 秒から 2.5 秒までに動いた距離を求めよ．
(3) 2.5 秒から 4 秒までに動いた距離を求めよ．
(4) 縦軸に距離 s, 横軸に時間 t をとり, $t = 1, 2.5, 4$ における動いた距離をグラフにプロットせよ．
(5) 0 秒から 1 秒の間の時間 t における動いた距離を求めよ．

(6) 1 秒から 2.5 秒の間の時間 t における動いた距離を求めよ．

1.2 力と運動の法則

14 なめらかな水平面上に質量 1.0 kg の物体が静止している．この物体に大きさ 3.0 m/s^2 の加速度を生じさせるためには，何 N の力を作用させればよいか．また，この物体に大きさ 5.0 N の力を作用させたときに生じる加速度の大きさを求めよ．

15 右向きに速さ 25 m/s で運動している質量 2.0 kg の物体に，左向きに 10 N の力を次の時間だけ作用させた．その後，この物体はどのような運動をするか．
  (1) 2.0 秒　　(2) 5.0 秒　　(3) 8.0 秒

16 静止していた質量 2.0 kg の物体が力を受けて，直線運動をしたとき，その v-t グラフが問図 1.1 のようになった．物体の運動の向きを正として，物体に作用した力 F と時間 t のグラフ（F-t グラフ）を描け．

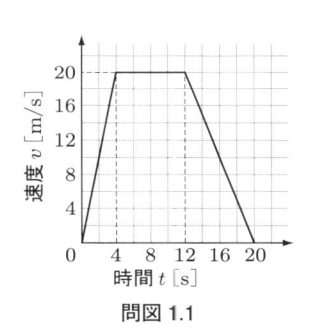

問図 1.1

17 なめらかな氷上で，スケートをはいた親子が押し合ったところ，互いに逆向きに滑り出した．大人の質量を 70 kg，子供の質量を 30 kg，大人が子供に押される力が 30 N であるとき，大人と子供に生じた加速度の大きさを求めよ．

18 地球の半径を R，地表での重力加速度の大きさを g とする．地表から高さ h にある質量 m の物体が受けている重力の大きさを求めよ．

19 問図 1.2 について，次の問いに答えよ．
  (1) $F_1 \sim F_6$ の力は，何が何から受けた力か．
  (2) 作用・反作用の関係にある力はどれとどれか．また，つり合い関係にある力はどれとどれか．
  (3) 物体 A の質量が 10 kg，物体 B の質量が 5.0 kg のとき，$F_1 \sim F_6$ の力の大きさを求めよ．重力加速度の大きさを 10 m/s^2 とする．

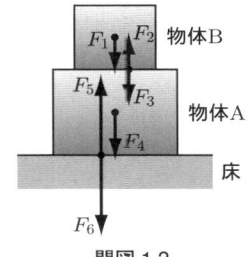

問図 1.2

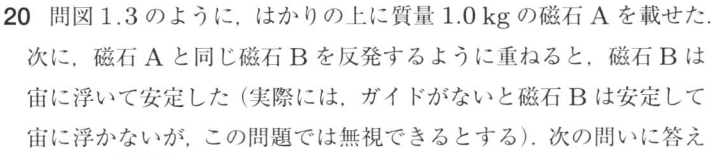

20 問図 1.3 のように，はかりの上に質量 1.0 kg の磁石 A を載せた．次に，磁石 A と同じ磁石 B を反発するように重ねると，磁石 B は宙に浮いて安定した（実際には，ガイドがないと磁石 B は安定して宙に浮かないが，この問題では無視できるとする）．次の問いに答えよ．　**チャレンジ**
  (1) 磁石 A，B にはたらく力を図示せよ．また，その力はどのような力か．
  (2) この状態のとき，はかりの目盛りはいくらを指すか．重力加速度の大きさを 9.8 m/s^2

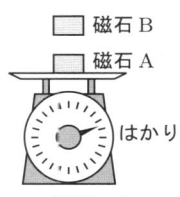

問図 1.3

として求めよ．また，はかりは質量 1.0 kg の物体から 9.8 N の力を受けたときに 1.0 kg の目盛りを指すようにできているとする．

21 質量 M の台が地面に置かれている．質量 m の人が，その台に乗って，問図 1.4 のようにロープを引っ張ることにより，自分自身をもち上げようとしている．ロープと滑車の質量は無視できる．重力加速度の大きさを g として，次の問いに答えよ． **チャレンジ**
(1) 人が大きさ T の力でロープを引っ張ったとき，台が地面から受ける垂直抗力の大きさ N はいくらか．
(2) 台を浮かせるためには，力の大きさ T はいくらより大きければよいか．

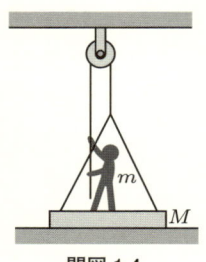

22 ばね定数 8.0 N/m のばねを 15 cm 伸ばすには，何 N の力で引っ張ればよいか．また，このばねを 2.0 N の力で引っ張ったとき，ばねは何 m 伸びるか．

23 同じばね（ばね定数 5.0 N/m）とおもり（質量 2.0 kg）を用いて，問図 1.5 のような実験をした．ばねの伸びはそれぞれいくらか．重力加速度の大きさを 10 m/s² とする．
(1) ばねの一方を壁に固定して，他端におもりをつけた．
(2) ばねの両端に同じおもりをつけた．

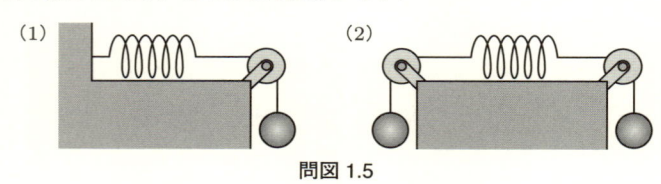

24 あるばねの全体の長さが，質量 m_1 のおもりをつるすと L_1 になり，質量 m_2 のおもりをつるすと L_2 になった．このばねのばね定数と自然長を求めよ．重力加速度の大きさを g とする．

25 自然長の長さが L_0，ばね定数が k_A のばね A と，自然長の長さが L_0，ばね定数が k_B のばね B が問図 1.6 のように接続されている．全体を 1 本のばねと考えたときのばね定数を求めよ．また，図のようにばねの端を引っ張り，全体で L の長さ（$L > 2L_0$）にしたときのばね B の伸びはいくらか．

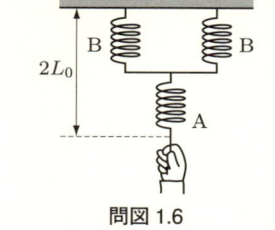

26 床の上に質量 0.50 kg のおもりを置き，ばね定数 5.0 N/m のばねをつけて，そのばねの他端を引っ張り上げた．次の問いに答えよ．重力加速度の大きさを 10 m/s² とする．
(1) ばねが 0.50 m 伸びたとき，おもりが床から受ける垂直抗力の大きさ N はいくらか．
(2) おもりが浮く（床から離れる）とき，ばねの伸び x はいくらか．

27 静止摩擦係数 μ の水平な床の上に，質量 m の物体が置かれ，上から大きさ F_1 の力で押

さえつけられている．物体に右向きに大きさ F_0 の外力を加えたが静止したままであった．物体にはたらいている力をすべて図示し，垂直抗力と静止摩擦力の大きさを求めよ．また，F_0 はいくら以下であったか．

1.3 いろいろな運動

28 質量 $1.0\,\mathrm{kg}$ の物体 A と質量 $4.0\,\mathrm{kg}$ の物体 B を軽い糸でつないで，なめらかな水平面上に置いた．物体 B を水平に $10\,\mathrm{N}$ の力で引っ張り続けたところ，物体 A は物体 B に引っ張られながら運動した．このとき物体 A に生じる加速度の大きさ a と，糸がおもりを引く力（張力）の大きさ T を求めよ．

29 問図 1.7 のように，質量 m_1, m_2, m_3 の物体 1, 2, 3 が糸でつながれている．物体 1 を引っ張り，大きさ F_0 の外力を加える．運動方程式を書き，それぞれの物体の加速度を求めよ．次に，物体 1 と物体 2 の間にはたらく力の大きさ f_{12} と物体 2 と物体 3 の間にはたらく力の大きさ f_{23} を求めよ．

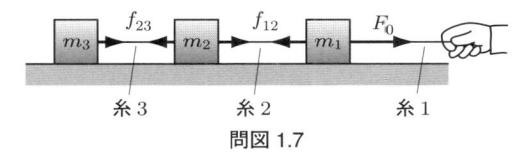

問図 1.7

30 問図 1.8 のように，質量 m_1, m_2 の物体 1, 2 を，ばね定数 k の軽いばねでつなぎ，なめらかな床の上で物体 1 を一定の大きさ F の力で引っ張ったところ，ばねは x だけ伸びて，物体 1, 2 は同じ加速度で運動した．ばねの伸び x を求めよ．

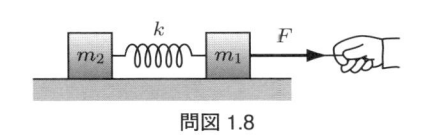

問図 1.8

チャレンジ

31 問図 1.9 のように，質量 m_1, m_2, m_3 の物体 1, 2, 3 が滑車を通して 2 本の糸でつながっている．$m_1 + m_2 < m_3$ として，物体が動き出してから時間 t だけ経過したときの速さ v と動いた距離 s を計算せよ．

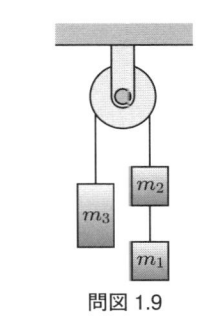

32 問図 1.10 のように，質量 m_1, m_2, m_3 の物体 1, 2, 3 が滑車を通して 2 本の糸でつながっている．物体 3 はなめらかな机の上を滑る．物体が動き出してから時間 t だけ経過したときの速さ v と動いた距離 s を求めよ．

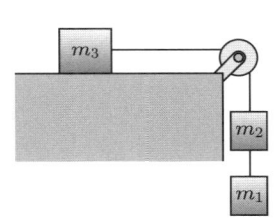

33 高さ h のビルの屋上から質量 m の物体を速さ v_0 で投げ下ろした．地上を原点として鉛直上向きに z 軸をとると，運動方程式はどうなるか．また，時刻 t における速度 v と位置 z を求めよ．

34 質量 m の物体を，高さ h のビルの屋上から初速 v_0 で投げ

問図 1.9

問図 1.10

上げた．地上を原点として鉛直上向きに z 軸をとると，物体の運動方程式はどうなるか．また，時間 t における速度 v と位置 z を求めよ．

35 地表から速さ v_0 で物体 1 を鉛直上向きに投げ上げるのと同時に，高さ h の位置にある物体 2 から手を離して自由落下させた．物体 1，2 が高さ $\dfrac{h}{2}$ 以上ですれ違うためには，v_0 はいくら以上でなければならないか．重力加速度の大きさを g とする．　**チャレンジ**

36 問図 1.11 のように，質量 m の物体が外力を受けながら，動摩擦係数が μ' である床の上を滑っている．外力は，運動している向きと逆向きに大きさ F_0 であるとして，静止する前の時間 t における速度 v を求めよ．ただし，右向きを正の向きとし，最初の速度を v_0 とする．

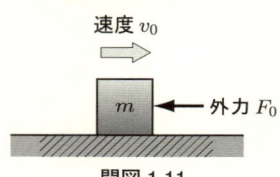

問図 1.11

1.4 運動量と力積

37 なめらかな水平面上に静止している質量 5.0 kg の物体に，水平方向に 20 N の力を 5.0 秒間作用させた．物体に与えた力積の大きさはいくらか．また，力を作用させた後，その物体の速さはいくらになるか．

38 20 m/s で飛んできた質量 0.20 kg のボールを 0.10 秒間で手で受け止めた．ボールが手から受けた力積の大きさと向きを求めよ．また，手が受けた平均の力の大きさはいくらか．

39 静止している質量 5.0 kg の物体が，問図 1.12 のような力を受けた．初めの 10 秒間にこの物体が受けた力積の大きさを求め，そのときの速さを求めよ．

40 一直線上を右向きに 3.0 m/s 速さで進んでいた質量 6.0 kg の物体が二つに分裂した．分裂した片方の物体は質量 4.0 kg で，右向きに速さ 5.0 m/s で運動を続けた．分裂したもう一つの物体の速度はいくらか．

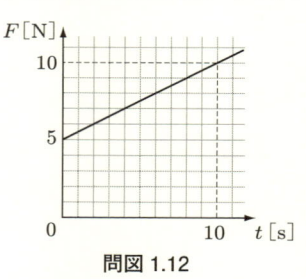

問図 1.12

41 速さ 100 m/s で進む全質量 200 kg の 2 段式の小型ロケットから，質量 50 kg の第 2 段ロケットが進行方向前方に発射され，第 1 段ロケットは第 2 段ロケットに対して 40 m/s の速さで後方に進んだ．第 1 段ロケットの速さ v_1 と第 2 段ロケットの速さ v_2 を求めよ．

42 問図 1.13 のように，静止している物体 A（質量 0.50 kg），B（質量 2.0 kg）が，ばねの力によって，物体 A は左向きに速さ 4.0 m/s，物体 B は右向きに速さ v_B で進んだ．速さ v_B はいくらか．また，物体 B が受けた力積の大きさを求めよ．

43 問図 1.14 のように，なめらかな床の上に質量 M の木片が置かれている．その木片に向けて，質量 m，速さ v の弾丸を打ち込んだ．弾丸は木片に入り，木片と一体となって運動を始めた．そのときの速さ V を求めよ．

44 右向きに速さ 6.0 m/s で進む質量 2.0 kg の物体 A と左向きに速さ 2.0 m/s で進む質

1.5 力学的エネルギー

問図 1.13

問図 1.14

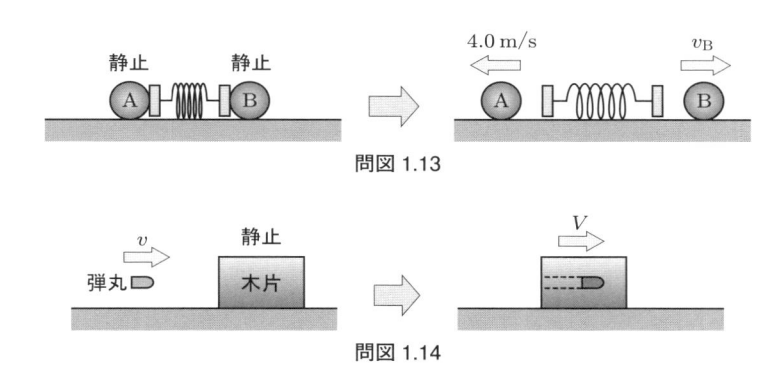

量 1.0 kg の物体 B が正面衝突した．衝突後の物体 A，B の速度を求めよ．衝突の際の反発係数を 0.50 として，右向きを正の向きとする．

45 質量 m の同じ物体 A，B がある．物体 A が静止している物体 B に速さ v で衝突した．衝突の際の反発係数 e が 1，0.5，0 の場合について，衝突後の物体 A，B の速さ v_A，v_B を求めよ．ただし，衝突前の物体 A の運動の向きを正の向きとする．

46 床から高さ h のところから，質量 m の小球を自由落下させた．物体は床に衝突後，$\frac{h}{4}$ の高さまではね返った．重力加速度の大きさを g として，小球と床との間の反発係数 e を求めよ．また，$m = 2.0$ kg，$h = 5.0$ m，$g = 10$ m/s^2 としたとき，衝突時に小球が床から受ける力積の大きさはいくらか．

47 静止している質量 M の物体 A に，質量 m の物体 B が右向きに速さ v_0 で衝突した．右向きを正の向きとして，衝突後の二つの物体の速度を求めよ．また，衝突後，物体 B がはね返る条件を求めよ．ただし，反発係数を e とする． **チャレンジ**

1.5 力学的エネルギー

48 次の文章の空欄にあてはまる語句または式を答えよ．

運動している物体がもつエネルギーを（ ① ）という．質量 m の物体が速さ v で動いているとき，物体がもつ（ ① ）は（ ② ）と表される．

物体の位置だけで決まるエネルギーを（ ③ ）という．地球上で物体をもちあげるには，そのぶんだけ重力に逆らって仕事を加える必要があり，これが物体のもつエネルギーとなる．物体が基準点から高さ h の位置にあるときの重力による（ ③ ）に，重力加速度の大きさを g として，（ ④ ）と表される．

また，ばねを伸ばしたり縮めたりするには，そのぶんだけばねの弾性力に逆らって仕事を加える必要があり，これがばねに蓄えられたエネルギーとなる．ばねを自然長から距離 x だけ伸ばしたときの弾性力による（ ③ ）は，ばね定数を k とすると，（ ⑤ ）と表される．

49 地表から $5.0\,\mathrm{m}$ の深さの穴に質量 $2.0\,\mathrm{kg}$ の物体がある．次の問いに答えよ．ただし，重力による位置エネルギーは，地表を基準とする．重力加速度の大きさは $9.8\,\mathrm{m/s^2}$ である．
(1) この物体が地表に上がるとき，重力がする仕事 W を求めよ．
(2) 物体が $-5.0\,\mathrm{m}$ の位置（穴の底）でもつ重力による位置エネルギー U を求めよ．

50 ばね定数 $10\,\mathrm{N/m}$ のばねがある．ばねに外力を加えて，ゆっくり伸ばしていく．次の問いに答えよ．ただし，ばねが自然長のときを弾性力による位置エネルギーの基準とする．有効数字は考慮しないでよい．
(1) ばねを自然長から $0.01\,\mathrm{m}$ だけ伸ばすときに，外力がする仕事 ΔW はいくらか．このとき，ばねには平均の力＝(ばね定数)×(平均の伸び) がはたらいているとする．
(2) 同様に，ばねの伸び $0.01\,\mathrm{m}$ ごとに外力がする仕事 ΔW を求め，それらの和を計算して，ばねを自然長から $0.1\,\mathrm{m}$ まで伸ばすときに外力がする仕事 W を求めよ．
(3) ばねを自然長から $0.1\,\mathrm{m}$ まで伸ばすときの，平均の力がする仕事 W を求めよ．

51 質量 $2.0\,\mathrm{kg}$ の物体が速さ $5.0\,\mathrm{m/s}$ で動いている．物体に大きさ $10\,\mathrm{N}$ の動摩擦力がはたらいて静止するとき，止まるまでに何 m 動くか．

52 初速 v_0 で運動している物体が，粗い床の上を距離 x だけ滑って停止した．物体と床の間の動摩擦係数を求めよ．重力加速度の大きさを g とする．

53 高さ h_1 の位置で，質量 m の物体の速さが v_1 であった．そこから高さ h_2 の位置まで落下したとき，速さはいくらになったか．

54 問図 1.15 のように，ばね定数 k のばねが，壁に一端を固定され，他端に質量の無視できる薄い板をつけて水平面上に置かれている．ばねを縮め，質量 m の物体を薄い板の前に置く．手を離すと，ばねが自然長に戻り，物体は高さ h のなめらかな斜面を上っていく．次の問いに答えよ．
(1) ばねから打ち出された直後の速さ v を求めよ．
(2) ちょうど高さが h の地点まで上ったとき速さがゼロとなるためには，最初のばねの縮み x をいくらにすればよいか．

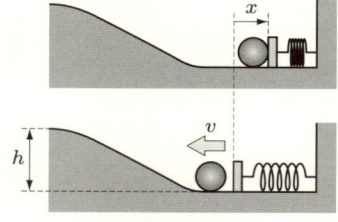

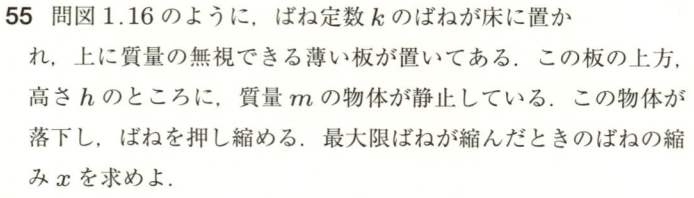

問図 1.15

55 問図 1.16 のように，ばね定数 k のばねが床に置かれ，上に質量の無視できる薄い板が置いてある．この板の上方，高さ h のところに，質量 m の物体が静止している．この物体が落下し，ばねを押し縮める．最大限ばねが縮んだときのばねの縮み x を求めよ．

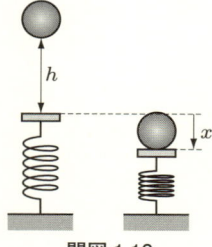

56 問図 1.17 のように，摩擦のある机の上に置かれた質量 M の物体を，滑車を通して質量 m のおもりで引っ張る．最初，物体は静止しているとして，距離 s だけ引っ張ったときの速さ v はいく

問図 1.16

らになるか. ただし，机と物体の間の動摩擦係数を μ' とする.

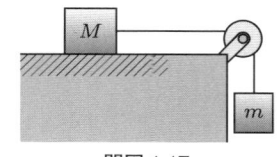

57　長さ L の糸の先に大きさが無視できる質量 m のおもりのついた振り子がある. 最初，振り子は鉛直の位置で静止していた. おもりに初速 v を与えると，振り子は鉛直と角 θ をなす位置まで振れた. 初速 v がわかっているとしたとき，$\cos\theta$ を求めよ.

問図 1.17

1.6　平面・空間での運動

58　質量 $1.0\,\mathrm{kg}$ のおもりを天井から糸 A でつるした. その後，そのおもりに糸 B をつけて水平方向に引いたところ，糸 A が鉛直線から $30°$ 傾いたところで静止した. 糸 A，B がおもりを引く力の大きさ T_A，T_B を求めよ. 重力加速度の大きさを $9.8\,\mathrm{m/s^2}$ とする.

59　停車している電車の窓からみたとき，鉛直下向きに雨が降っていた. 電車が動き出し，電車の速さが時速 $80\,\mathrm{km}$ に達したとき，雨は鉛直方向から $60°$ 後方に傾いて降っているようにみえた. 雨の落下する速さを求めよ.

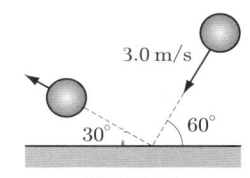

60　問図 1.18 のように，なめらかな床となす角が $60°$ になるように，ボールを速さ $3.0\,\mathrm{m/s}$ で投げたところ，ボールは床と $30°$ の角度をなしてはね返った. 反発係数 e はいくらか. ただし，床と平行な速度の成分は衝突によって変化しないとする.

問図 1.18

61　問図 1.19 (a) のように，速さ $24\,\mathrm{m/s}$ で投げられた質量 $0.20\,\mathrm{kg}$ のボールをバットで打ったところ，ボールは $90°$ の角度をなして速さ $18\,\mathrm{m/s}$ で飛んでいった. ボールがバットから受けた力積の大きさを求めよ. また，問図 (b) のように，その角度が $60°$ で，投げられた速さと同じ速さで飛んでいった場合の力積の大きさはいくらか.

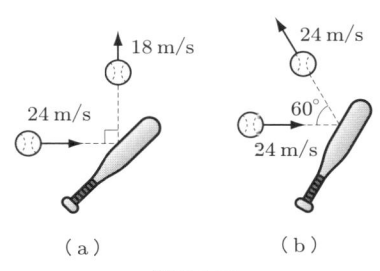

問図 1.19

62　問図 1.20 のように，なめらかな xy 平面上で，質量 $0.50\,\mathrm{kg}$ の物体 A が x 軸上を正の向きに速さ $4.0\,\mathrm{m/s}$ で進み，質量 $1.0\,\mathrm{kg}$ の物体 B が y 軸上を正の向きに速さ $5.0\,\mathrm{m/s}$ で進んできたところ，物体 A，B は原点 O において衝突した. 衝突後，物体 A は y 軸上を正の向きに速さ $6.0\,\mathrm{m/s}$ で進んだ. 物体 B の速さを求めよ. **チャレンジ**

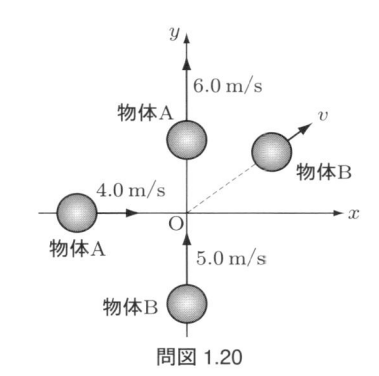

問図 1.20

63 地上 h の高さからボールを水平に投げたところ,ボールは地面に対して 45° の角度で落下した.ボールの初速度の大きさはいくらか.また,ボールが落下するまでに進んだ水平距離はいくらか.重力加速度の大きさを g とする.

64 問図 1.21 のように,地面から高さ h の位置に距離 L をおいて球 A と球 B がある.いま,球 A を速さ v_0 で地面と水平に投げ出すと同時に,球 B を自由落下させたところ,両者は球 B の落下線上のある点 P で衝突した.二つの球が地上に落下するまでに衝突するためには,球 A を投げ出す速さ v_0 はどのような条件を満たせばよいか.重力加速度の大きさを g とする.

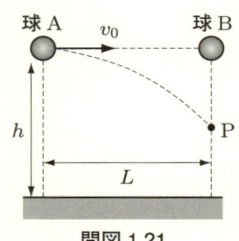

問図 1.21

65 初速 v_0 でボールを地表から θ の角度で投げ上げる.もっとも遠くに届くよう投げるためには θ を何度にしたらよいか.重力加速度の大きさを g とする(三角比の倍角の公式 $2\cos\theta\sin\theta = \sin 2\theta$ を用いよ).**チャレンジ**

66 半径 1.0 m の円周上を,質量 0.20 kg の物体が毎分 60 回転している.周期 T,角速度 ω,物体の速さ v,向心力の大きさ F を求めよ.

67 長さ L の糸の上端を天井に固定して,他端に大きさが無視できる質量 m のおもりをつけ,問図 1.22 のように水平面内で等速円運動をさせたところ,糸と鉛直線の角度は θ であった.糸の張力の大きさ S はいくらか.また,円運動の周期 T はいくらか.重力加速度の大きさを g とする.

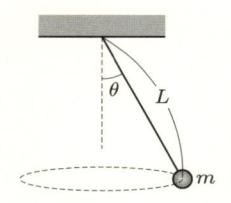

問図 1.22

68 静止衛星は,地球の自転と同じ周期で赤道上空を等速円運動する人工衛星である.静止衛星の角速度 ω と地表からの高さ h を求めよ.静止衛星の質量を m とし,地球の質量を M,半径を R,自転周期を T とする.万有引力定数を G とする.

69 ある惑星 A と惑星 B の公転軌道を円軌道とみなして考える.惑星 B の公転半径は,惑星 A の公転半径の 7 倍であった.惑星 B の公転周期は惑星 A の何倍か.小数第 1 位まで求めよ.

70 問図 1.23 のように,天井に固定した自然長 L のばねに質量 m のおもりをとりつけると,ばねは x だけ伸びて静止した.その状態からおもりをばねの自然長の位置までもち上げて,静かに手を離したところ,おもりは単振動をした.

(1) 天井から単振動の中心位置までの距離を求めよ.

(2) この単振動の振幅と周期はいくらか.

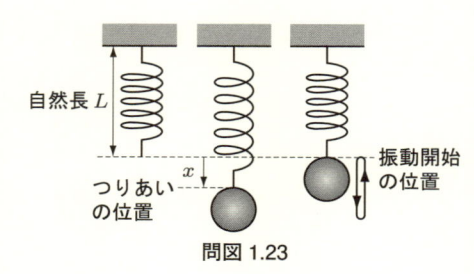

問図 1.23

(3) おもりが振動の中心を通過するときの速さはいくらか．

71 問図 1.24 のように，なめらかな水平面上にある質量 m の物体に，ばね定数 k_1, k_2 のばねをつないだ．それぞれのばねが自然長にある位置から，物体を x だけ右方向に移動させて手を離すと，物体は単振動を始めた．この単振動の周期を求めよ．

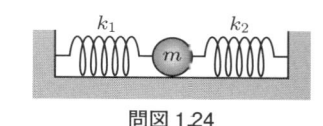

72 問図 1.25 のように，傾き角 θ のなめらかな斜面上に質量 m の物体を置いて，斜面に平行な上向きの力を加えた．斜面に沿って次のような運動をさせるときの力の大きさ F を求めよ．
(1) 等速直線運動
(2) 上向きに加速度 a の等加速度直線運動
(3) 下向きに加速度 a の等加速度直線運動

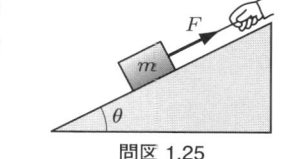

73 水平面となす角 θ が変えられる粗い斜面上に質量 m の物体を置いて，θ を変化させたところ，$\theta > \theta_0$ で物体は滑り出した．物体と斜面の間の静止摩擦係数 μ はいくらか．

74 等加速度 a で上昇するエレベーター内に天井から軽い糸で質量 m のおもりをつるす．このとき，糸の張力の大きさ T を，エレベーター内にいる観測者とエレベーター外にいる（地上に静止している）観測者からみた場合について求めよ．ただし，おもりはエレベーターに対して静止している．

75 問図 1.26 のように，自然長 L のばねの先に質量 m のおもりをつけ，他端を回転軸にとりつける．ばねは水平に置かれたなめらかな円板上にあり，円板の回転に合わせて一緒に回転する．この円板を角速度 ω で回転させたとき，ばねは x だけ伸びた．おもりの単位時間あたりの回転数 n と周期 T，速さ v を求めよ．また，おもりが受けている向心力の大きさ F とばね定数 k を求めよ．

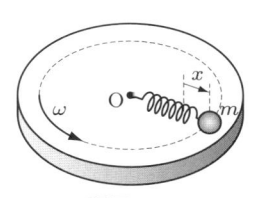

1.7 剛体や流体にはたらく力

76 問図 1.27 のように，ある剛体の一直線上にある 4 点 A，B，C，D に，それぞれ力を作用させた．AB，BC，CD 間は，それぞれ 0.50 m である．また，4 点を通る直線は，点 A に作用する力 F_A と垂直で，点 B に作用する力 F_B と点 C に作用する力 F_C と 30° をなし，点 D にはたらく力 F_D と平行である．A，

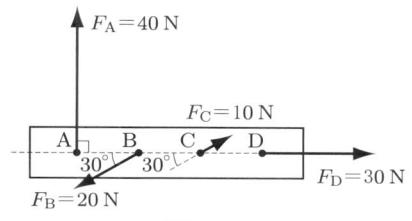

B，C，Dの各点を紙面に垂直に通る軸を回転軸としたとき，この剛体が回転しないのはどの回転軸か．

77 長さ L，質量 m の一様な棒を，問図 1.28 のように，棒の一端（点 O）と他端につけた糸で壁と $60°$ をなすように固定した．次の問いに答えよ．
(1) この状態における力のつり合いの式と，点 O を回転の中心とする力のモーメントのつり合いの式を求めよ．
(2) 棒の長さを $1.0\,\mathrm{m}$，質量を $2.0\,\mathrm{kg}$，重力加速度の大きさを $10\,\mathrm{m/s^2}$ としたとき，棒にはたらく糸の張力の大きさと，壁が棒に及ぼす垂直抗力の大きさを求めよ．

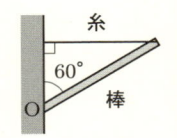

問図 1.28

78 問図 1.29 のように，長さ L，質量 M のはしごをなめらかな壁に立てかけ，それを質量 m の人が登った．人が最上段に登ってもはしごが滑らないためには，はしごと床のなす角 θ の正接 $\tan\theta$ がどのような条件を満たせばよいか．床とはしごの間の静止摩擦係数を μ，重力加速度の大きさを g とする．はしごの質量は長さ L に一様に分布しているとしてよい． チャレンジ

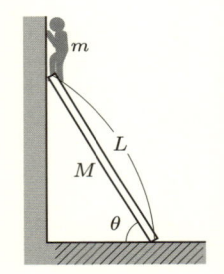

問図 1.29

79 水を用いてトリチェリーの実験を行った．一様な断面積 $S\,[\mathrm{m^2}]$ のガラス管（一端は閉じてあり，もう一端は開放してある）に水を満たして，問図 1.30 のように水を入れた容器に倒立させたところ，ガラス管の上部が真空となった．このとき，水柱の高さは水面からいくらになるか．大気圧を $1.0\times 10^5\,\mathrm{Pa}$，水の密度を $1.0\times 10^3\,\mathrm{kg/m^3}$，重力加速度の大きさを $10\,\mathrm{m/s^2}$ とする．

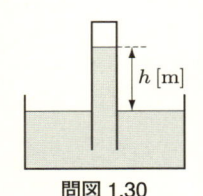

問図 1.30

80 ビーカーに入った水の中に，糸でつり下げられた金属球（体積 V，質量 m）を入れた．水の密度を ρ，重力加速度の大きさを g として，次の問いに答えよ．
(1) 金属球が押しのけた水の重さはいくらか．
(2) 金属球が受ける浮力の大きさはいくらか．
(3) 糸の張力の大きさはいくらか．

81 次の問いに答えよ．水の密度を ρ，重力加速度の大きさを g とする． チャレンジ
(1) あるばねに質量 m のおもりをつるしたところ，ばねは自然長から x_0 だけ伸びた．ばね定数を求めよ．
(2) 次に，おもり全体を水中に沈めたところ，ばねの伸びは x_1 になった．おもりの密度を求めよ．
(3) 最後に，食塩水におもり全体を沈めたところ，ばねの伸びは x_2 となった．食塩水の密度を求めよ．

第2章 波　動

2.1 光の進み方

1. 地球にもっとも近い恒星は，地球から約 1.5 億 km 離れた太陽である．太陽から放出された光が地球に届くのにかかる時間はいくらか．

2. 問図 2.1 に示すフィゾーの実験で，光源から出た光が半透明鏡で反射され，歯数 720 の歯車のすき間を通って，そこから 8633 m 離れた平面鏡で反射されて戻ってくる．観測者は歯車のすき間からその反射光を観察する．

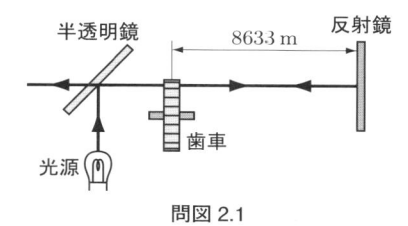

   いま，歯車の回転数を少しずつ大きくしていくと，1 秒間あたりの回転数が 12.6 回のとき，反射光が初めて歯車の歯によってさえぎられて，目に届かず暗くなった．この実験結果から光の速さ c を求めよ．

3. 身長が 180 cm の人が，鉛直に立っている鏡に向かって自分の全身をみるには，平面鏡の高さは何 cm 以上あればよいか．ただし，頭頂，目，足のつま先はすべて鉛直線上にあると考えてよい．

4. 問図 2.2 のように，2 枚の平面鏡が直角に交わっている．この鏡の間にある物体の像はどこにできるか．

5. 光が真空中からガラスの平らな面に入射角 30° で入射したところ，屈折角は 20° であった．ガラスの屈折率はいくらか．

6. 光が水中からガラス中に入射するとき，水に対するガラスの相対屈折率はいくらか．また，光がガラス中から水中に入射するとき，ガラスに対する水の相対屈折率はいくらか．ただし，水の屈折率は 1.3，ガラスの屈折率は 1.5 である．

7. 光ファイバーは中心部のコアとその外側のクラッドからできている．コアの屈折率は 1.55，クラッドの屈折率は 1.54 であるとする．コアに対するクラッドの相対屈折率はいくらか．また，光がコアからクラッドに入射するときの全反射の臨界角は何度か．

8. 問図 2.3 のように，直角プリズムの面 AB 上の点 D に入射角 60° で光が入射した．この光がプリズムの中に入ってから空気中に出るまでの経路を描け．プリズムの材質の屈折率は $\sqrt{3}\,(\fallingdotseq 1.73)$ である．面 BC での反射は無視してよい．

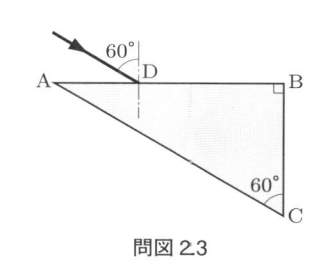

9. 水面から h の深さにある小さい物体を上からみると，物体は浮き上がってみえる．あたかも物体があるかのように

みえる点までの深さ h' はいくらか．ただし，水の屈折率は 1.33 である． **チャレンジ**

10 二つの球面の曲率半径が 12 cm と 18 cm の凸レンズがある．この凸レンズの焦点距離はいくらか．ただし，レンズの材質であるガラスの屈折率は 1.48 とする．

11 問図 2.4 のように，凸レンズと凹レンズの前方に物体 AB がある．この物体上の点 C から出た光のうち，光軸上の点 P を通った後にレンズを通過する光線をそれぞれ描け．点 F，F′ はそれぞれのレンズの焦点である．

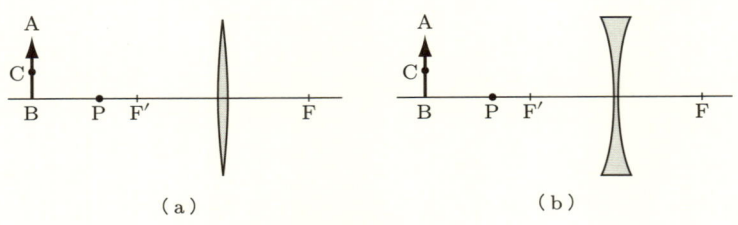

問図 2.4

12 問図 2.5 のように，平行光線が凸レンズと凹レンズに入射している．レンズを通過した後の 3 本の光線をそれぞれ描け．点 F，F′ はレンズの焦点である．

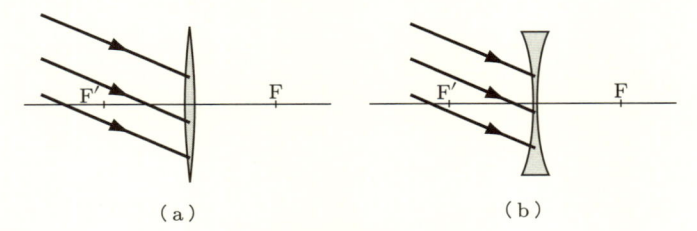

問図 2.5

13 問図 2.6 のように，焦点距離が 15 cm の凸レンズと凹レンズがあり，このレンズの前方 10 cm の光軸上に点光源がある．この点光源の像はどこにできるか．像は実像か虚像か．また，点光源から出た 2 本の光線がレンズを通過した後の光線をそれぞれ描け．点 F，F′ はレンズの焦点である．

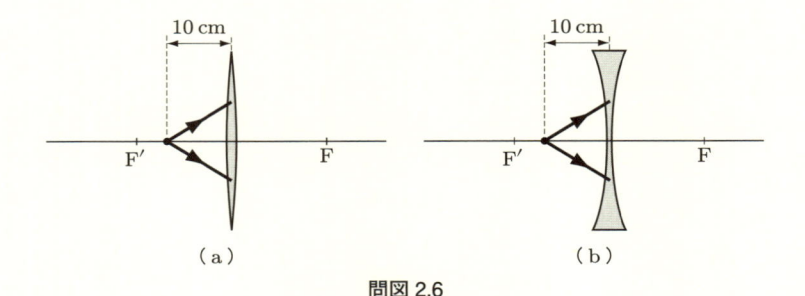

問図 2.6

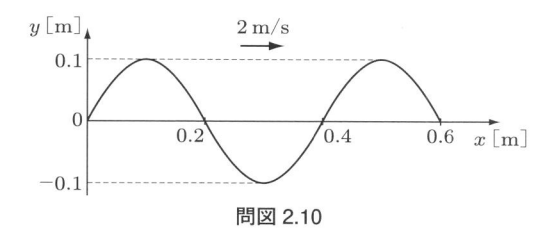

問図 2.10

形である．次の問いに答えよ．
(1) 波の振幅，波長，周期はそれぞれいくらか．
(2) $t = 0$ において，$x = 0.2$ m の点と $x = 0.4$ m の点の媒質の速度の向きは，それぞれ y 軸の正の向きか，または負の向きか．
(3) $t = 0.05$ s における波形を描け．
(4) $x = 0$ における波の変位 y と時刻 t との関係を表すグラフを描け．

25 正弦波が x 軸の正の向きに進んでいる．ある時刻において，問図 2.11 の実線の波形が，0.50 s 経過後に初めて破線の波形になり，波の山は P から Q の位置まで進んだ．y 軸は波の変位を表す．この正弦波の振幅，波長，速さ，周期，振動数はそれぞれいくらか．

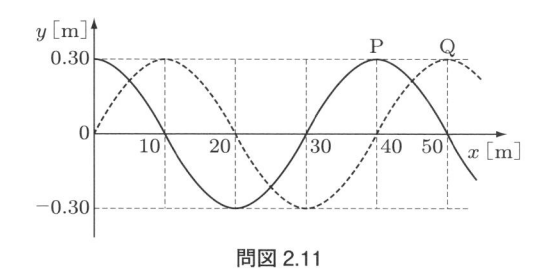

問図 2.11

26 時刻 t [s]，位置 x [m] における正弦波の変位 y [m] が次式で表されるとき，波の振幅，周期，波長，振動数，速さをそれぞれ求めよ．

$$y = 0.50 \sin\left\{2\pi\left(\frac{t}{2.0} + \frac{x}{0.40}\right)\right\}$$

27 x 軸の正の向きに進む縦波がある．問図 2.12 は，ある時刻における縦波の波形を横波として表示したものである．y 軸は媒質の変位を表す．この時刻において次の問いにあてはまる点を，図中の a 〜 e の記号を使って答えよ．

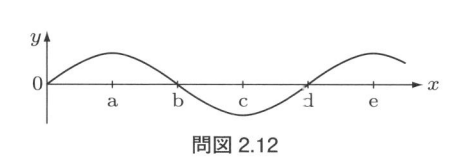

問図 2.12

(1) 媒質のもっとも疎な点
(2) 媒質のもっとも密な点

(3) 媒質の振動の速さがゼロの点　(4) x 軸の負の向きの媒質の振動の速さが最大の点

28　問図 2.13 のように，底辺 BC の長さと高さ AH が等しい二等辺三角形のパルス波が右向きに，正方形のパルス波が左向きに進む．正方形の 1 辺の長さは二等辺三角形の底辺 BC の長さに等しい．二つのパルス波が出合って，底辺が完全に重なったときの合成波を描け．

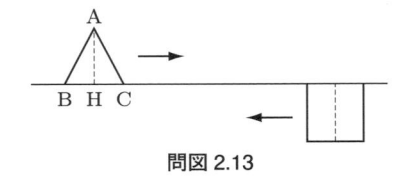

問図 2.13

29　問図 2.14 のように，右向きに進む正弦波が時刻 $t=0$ で媒質の端 A にちょうど到達した．波の周期を T として，次のそれぞれの場合に，時刻 $t=\dfrac{3T}{2}$ での入射波，反射波，合成波の波形を描け．

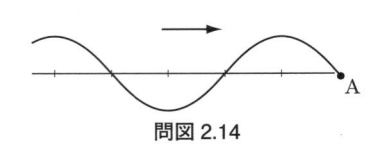

(1) 媒質の端 A が自由端の場合　(2) 媒質の端 A が固定端の場合

問図 2.14

30　問図 2.15 の実線の波は x 軸の正の向きに進む正弦波の，ある時刻における波形であり，破線の波は x 軸の負の向きに進む同時刻における正弦波である．y 軸は波の変位を表す．二つの正弦波の振幅，波長，周期はそれぞれ等しい．この二つの波が重なり合って定常波ができる．定常波の腹の位置と節の位置を a ～ g の記号で答えよ．

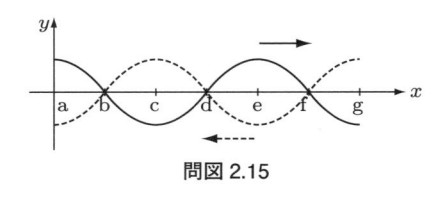

問図 2.15

31　直線上を振幅 1.5 cm，波長 8.0 cm，周期 2.0 s の二つの正弦波が逆向きに進んできて，重なり合って定常波ができた．定常波の振幅は何 cm か．また，隣り合う腹と腹の間隔は何 cm か．

2.3　平面・空間を伝わる波

32　次の文章の空欄にあてはまる語句を答えよ．

(1) 波が空間を伝わるとき，波の（　①　）が等しい点をつないでできる曲面を（　②　）という．ある時刻において，（　②　）上の各点を波源とする球面波を考えると，それらに共通に接する曲面が新しい時刻の（　②　）になる．これを（　③　）の原理という．そして，この球面波を（　④　）という．波の進行方向は（　②　）に（　⑤　）な方向である．

(2) 波がすきまを通過するとき，すきまの背後に回り込む現象を（　⑥　）という．この現象は，すきまの幅が波の（　⑦　）に比べて同程度以下のとき目立つ．

(3) 異なる媒質に進んだ波が屈折するのは，波の（　⑧　）が媒質によって変化するため

33 水面上で $5.0\,\mathrm{cm}$ 離れた 2 点 S_1, S_2 から, 波長 $2.0\,\mathrm{cm}$, 振幅 $1.0\,\mathrm{cm}$ の円形波が同じ振動数で伝わっている. 二つの波の初期位相は等しい. 問図 2.16 の実線は, ある時刻における波の山を表している. 次の問いに答えよ.

 (1) 波源 S_1 から $4.0\,\mathrm{cm}$, S_2 から $2.0\,\mathrm{cm}$ 離れた点 P では二つの波は強め合うか, 弱め合うか. また, 点 P での最大振幅は何 cm か.

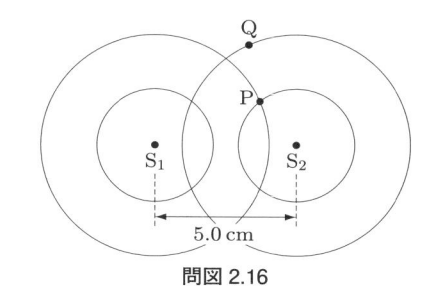

 (2) 波源 S_1 から $5.0\,\mathrm{cm}$, S_2 から $4.0\,\mathrm{cm}$ 離れた点 Q では二つの波は強め合うか, 弱め合うか. また, 点 Q での最大振幅は何 cm か.

 (3) 線分 S_1S_2 上でまったく振動しない点は何個あるか. ただし, 点 S_1, S_2 は含めない.

34 問図 2.17 のように, 直線波の波面 AB (破線) が媒質 I と媒質 II の境界に入射している. 図の点 A における屈折波の進行方向を表す線 (射線) を, ホイヘンスの原理を用いて作図せよ. ただし, 媒質 I に対する媒質 II の相対屈折率は 2.0 である.

35 問図 2.18 のように, 媒質 I から媒質 II に向かって入射角 $30°$, 屈折角 $60°$ で直線波が進んでいる. 媒質 I における波の速さは $3.0\,\mathrm{m/s}$, 波長は $0.40\,\mathrm{m}$ である. 次の問いに答えよ.

 (1) 図の点 A を通る入射波と屈折波の波面をそれぞれ破線で描け.

 (2) 媒質 I に対する媒質 II の相対屈折率はいくらか.

 (3) 媒質 II における波の速さ, 波長, 振動数はそれぞれいくらか.

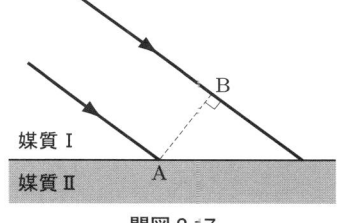

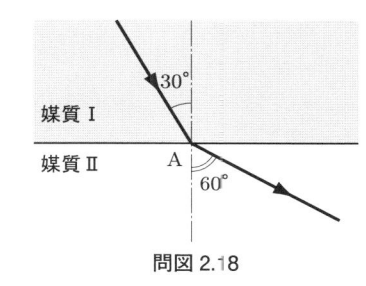

36 媒質 I に対する媒質 II の相対屈折率を n_{12}, 媒質 II に対する媒質 I の相対屈折率を n_{21} とすると, $n_{21} = \dfrac{1}{n_{12}}$ であることを導け.

37 媒質 I に対する媒質 II の相対屈折率が 1.5 である. 次の問いに答えよ.

 (1) 波が媒質 I から媒質 II に入射するときの入射角が $30°$ であるとき, 屈折角はいくらか.

 (2) 媒質 II における波の波長が $3.0\,\mathrm{m}$ である. 媒質 I における波の波長はいくらか.

 (3) 波が媒質 II から媒質 I に入射するときの臨界角はいくらか. また, 波が媒質 II から媒質 I に屈折して入るためには, 入射角にどのような条件が必要か.

38 空気中での音速は 340 m/s, 水中での音速は 1500 m/s である. 音波が空気中から水中に入るためには, 入射角にどのような条件が必要か.

2.4 音波

39 次の文章の空欄にあてはまる語句または数値を答えよ.
(1) 音の高さは音波の（ ① ）によって決まり,（ ① ）の大きい音は（ ② ）音, 小さい音は（ ③ ）音である. 人が聞くことができる音の（ ① ）はおよそ（ ④ ）Hz から（ ⑤ ）kHz の範囲であり, それより（ ① ）が大きい音波を（ ⑥ ）, 小さい音波を（ ⑦ ）という.
(2) 音の強さは, 音の進行方向に垂直な 1 m² の面を 1 秒間に通過する音波の（ ⑧ ）で表され, 音波の（ ① ）の 2 乗と（ ⑨ ）の 2 乗に比例する.
(3) 音色は, 音波の（ ⑩ ）の違いによって異なる.（ ⑩ ）が単純な正弦曲線で表される音を（ ⑪ ）という.

40 気温 t [℃] の乾燥した空気中を伝わる音の速さ V は, $V = (331.5 + 0.6t)$ [m/s] で表される. 15℃ の空気中の音速は何 m/s か.

41 稲妻がみえてから 6.0 s 後に雷鳴が聞こえた. 雷はその人から何 km 離れた地点に落ちたか. ただし, そのときの気温での音速は 340 m/s である.

42 イルカは水中で 100 kHz の超音波を出している. 水中でイルカが出す超音波の波長は何 cm か. ただし, 水中での音波の速さは 1500 m/s である.

43 ある女性のもっとも低い声の振動数は 200 Hz である. この声よりも 2 オクターブ高い声の振動数は何 Hz か.

44 ある音波の振動数が 3 倍になり, 振幅が 2 倍になった. 音波の強さは元の音波の強さの何倍になるか.

45 振動数が 500 Hz と 503 Hz のおんさを同時に鳴らすと, 毎秒何回のうなりが聞こえるか.

46 振動数が不明なおんさを, 振動数が 422 Hz のおんさといっしょに鳴らしたところ, 2 秒間に 2 回のうなりが聞こえた. 次に, 振動数が 426 Hz のおんさといっしょに鳴らしたところ, 3 秒に 9 回のうなりが聞こえた. この不明なおんさの振動数は何 Hz か.

47 問図 2.19 の装置をクインケ管という. スピーカーから出た一定の振動数の音は点 C で二つに分かれ, それぞれ管 A と管 B を通って点 D で再び出会い, 耳に達する. いま, 経路 CAD の長さと経路

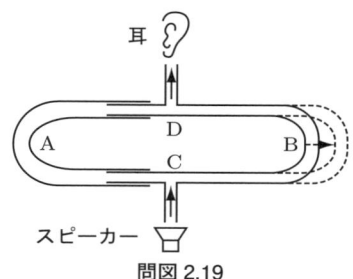

問図 2.19

CBD の長さが等しいとき，大きな音が聞こえた．次に，管 B を少しずつ引いていく．すると，最初の位置から 17.0 cm だけ引き出したときに，音は聞こえなくなった．スピーカーから出る音の振動数はいくらか．ただし，音速は 340 m/s である．

48 線密度が 5.0×10^{-3} kg/m の弦を 400 N の大きさの力で引っ張っている．この弦をはじいたとき，弦を伝わる波の速さはいくらか．

49 問図 2.20 のように，線密度が 4.9×10^{-4} kg/m の弦の一端を壁に固定し，長さが 75 cm のところで弦を滑車にかけて，弦の他端に質量が 4.5 kg のおもりをつるした．そして，弦を振動させたところ基本振動が生じた．この基本振動の波長と振動数はいくらか．重力加速度の大きさを 9.8 m/s² とする．

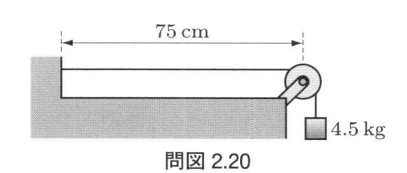

問図 2.20

50 問図 2.21 のように，振動数が 300 Hz の電磁おんさの先端に弦をつけ，その弦を滑車にかけて，他端に質量が 0.64 kg のおもりをつるした．そして，電磁おんさのスイッチを入れて，電磁おんさを連続的に振動させながら，滑車の位置を左右に動かした．すると，電磁おんさの先端から滑車までの長さが 90 cm になったとき弦は共振して，腹が 3 個の定常波ができた．電磁おんさの先端の振幅は非常に小さいので，電磁おんさの先端を定常波の節とみなしてよい．このとき，次の問いに答えよ． **チャレンジ**

(1) 定常波の波長はいくらか．
(2) 弦を伝わる波の速さはいくらか．
(3) おもりの質量が 0.64 kg のままで，腹が 2 個の定常波を作るには，電磁おんさの先端から滑車までの長さをいくらにすればよいか．
(4) 電磁おんさの先端から滑車までの長さを 90 cm のままにして，腹が 4 個の定常波を作るには，おもりの質量をいくらにすればよいか．

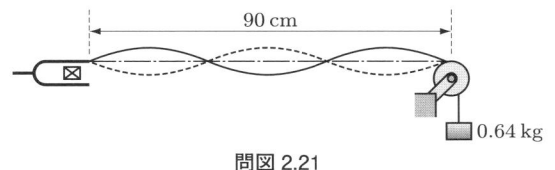

問図 2.21

51 問図 2.22 のように，ピストンがついた細いガラス管がある．このガラス管の管口にスピーカーを置いて，一定の振動数の音を出す．いま，ピストンを管口から右に少しずつ引いていくと，管口から 12.0 cm のところで管内の気柱が共鳴して音が大きく聞こえた．さらに右に引いていくと，37.0 cm のところで音が大きく聞こえた．この気柱の共鳴の実験結果から，次の問いに答えよ．ただし，空気中の音速は 340 m/s である．

(1) このスピーカーから出る音波の波長は何 cm か．

問図 2.22

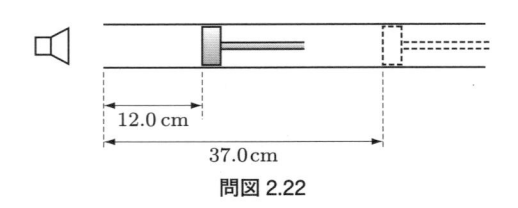

(2) このスピーカーから出る音の振動数は何 Hz か.
(3) この実験では，ガラス管の管口のすぐ外側のところで空気が大きく振動する．管口からこの位置までの距離は何 cm か.

52 問図 2.23 のように，両端が開いた長さ 68.0 cm の管の左端の近くに，音の振動数を変えられるスピーカーを置いた．そして，振動数を 0 Hz から次第に大きくしていくと，何回か音が大きく聞こえた．音速を 340 m/s として，次の問いに答えよ．ただし，開口端補正は無視できるとする．

(1) 最初に音が大きく聞こえたときの音の振動数はいくらか．
(2) 2 番目に音が大きく聞こえたときの音の振動数はいくらか．また，そのとき管の中の空気の密度が時間的にもっとも大きく変化する位置は，図の a～e のうちのどこか．a, e は管の両端であり，b, c, d は管を 4 等分したときの位置である．

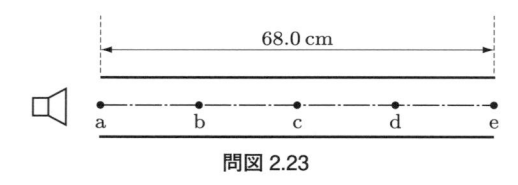

問図 2.23

53 直線状の複線路で，特急電車が 760 Hz の警笛音を鳴らしながら普通電車とすれちがった．特急電車の速さは時速 144 km であり，普通電車の速さは時速 36 km である．空気中での音速は 340 m/s として，次の問いに答えよ．風は吹いていないとする．

(1) 特急電車と普通電車がすれちがう前に，普通電車の乗客が聞く警笛音の波長はいくらか．また，振動数はいくらか．
(2) 特急電車と普通電車がすれちがった後に，普通電車の乗客が聞く警笛音の波長はいくらか．また，振動数はいくらか．

54 問図 2.24 のように，おんさが 500 Hz の振動数の音を出しながら壁に向かって 2.0 m/s の速さで近づいている．そして，観測者がおんさの後方で静止している．音速は 340 m/s である．次の問いに答えよ．

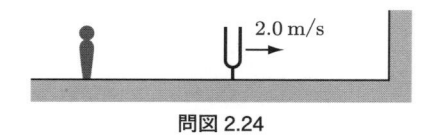

問図 2.24

(1) 観測者がおんさから直接聞く音の振動数はいくらか．
(2) 壁で反射してから観測者が聞く音の振動数はいくらか．
(3) 観測者には1秒間に何回のうなりが聞こえるか．

55 東西方向の直線道路を，パトカーが振動数 640 Hz の音を出すサイレンを鳴らしながら 30 m/s の速さで東向きに走っている．このとき，風が西から東の向きに 10 m/s の速さで吹いている．観測者は道路の横に静止している．音速を 340 m/s として，次の問いに答えよ．　**チャレンジ**

(1) パトカーが観測者に近づくとき，観測者が聞くサイレンの音の振動数はいくらか．
(2) パトカーが観測者から遠ざかるとき，観測者が聞くサイレンの音の振動数はいくらか．

2.5 光波

56 次の文章の空欄にあてはまる語句または数値を答えよ．

(1) 光の正体について，17世紀にニュートンの（ ① ）説とホイヘンスの（ ② ）説の間で論争があった．しかし，19世紀の初めにヤングやフレネルの実験によって，光は（ ③ ）や（ ④ ）という性質があることがわかり，光は（ ② ）であることがほぼ確立された．

(2) 19世紀の中頃に，マクスウェルによって，光は（ ⑤ ）の一種であることが明らかになった．人間の目にみえる光を（ ⑥ ）といい，その波長範囲は（ ⑦ ）nm から（ ⑧ ）nm 程度である．波長が（ ⑦ ）nm よりも短い光を（ ⑨ ），（ ⑧ ）nm よりも長い光を（ ⑩ ）という．

(3) 回折格子や（ ⑪ ）を使って，光をいろいろな波長に分ける装置を（ ⑫ ）という．また，（ ⑫ ）によって光を波長に分けたものを（ ⑬ ）という．白熱電球からの光は（ ⑭ ）（ ⑬ ）であり，ナトリウムランプからの光は（ ⑮ ）（ ⑬ ）である．太陽からの光の（ ⑬ ）には多数の暗線がみられる．この暗線を発見者にちなんで（ ⑯ ）という．

(4) 物質の屈折率が光の波長によって変化することを光の（ ⑰ ）という．ガラスの屈折率は波長の短い光ほど（ ⑱ ）ので，白色光がガラスに入射すると，紫色の光の屈折角は赤色の光の屈折角よりも（ ⑲ ）なる．

57 次の文章の空欄にあてはまる語句を【 】の中から選べ．

ポーラロイド板という特殊なフィルムを2枚重ねて，一方を固定し，他方を回転させながらフィルムを透過する光をみると，90°ごとに明るくなったり暗くなったりする．このことは，光は（ ① ）で，その振動方向が進行方向と（ ② ）であることを示している．ポーラロイド板を透過した光は（ ③ ）に振動している．そのような光を（ ④ ）という．それに対して，太陽や蛍光灯などからの光は（ ⑤ ）に振動している．そのよう

な光を（ ⑥ ）という．

【偏光　自然光　縦波　横波　垂直　平行　あらゆる方向　特定の方向】

58 半導体レーザーから出た波長 532 nm の緑色の光が，空気中から水中に入った．水中での光の速さ，波長，振動数はそれぞれいくらか．ただし，水の屈折率は 1.33 であり，空気中での光の速さは 3.00×10^8 m/s である．

59 問図 2.25 のように，複スリットに垂直に波長 600 nm のレーザー光を入射した．スリット間隔 d は 0.50 mm であり，複スリットとスクリーンの間の距離 L は 2.0 m である．S_1S_2 の垂直二等分線とスクリーンとの交点 O から距離 x のスクリーン上の点を P とする．d と x は L に比べて十分小さいから，$|\overline{S_1P} - \overline{S_2P}| \fallingdotseq \dfrac{xd}{L}$ が成り立つ．次の問いに答えよ．

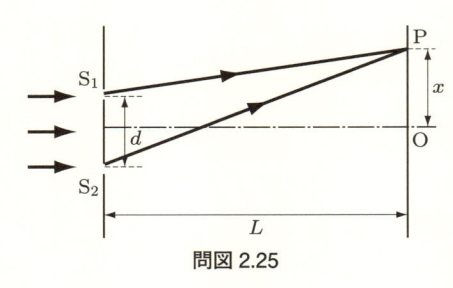

問図 2.25

(1) このとき，スクリーン上の隣り合う明線の間隔はいくらか．

(2) 複スリットとスクリーンの間を屈折率が 1.5 のガラスで満たした．このとき，スクリーン上の隣り合う明線の間隔はいくらか．

(3) 複スリットに当てる光を，ナトリウムランプからの橙色の平行光線に変えた．このとき，スクリーン上の明暗の縞模様はどうなるか．

60 波長が 633 nm のレーザー光を回折格子の面に垂直に当てると，スクリーン上に明るい点がほぼ等間隔に現れた．スクリーンの中心付近での隣り合う明るい点の間隔は 9.5 cm であった．回折格子とスクリーンの間隔は 3.0 m である．回折格子の格子定数はいくらか．

61 屈折率が 1.2 の薄い透明な膜が空気中にある．いま，波長 589 nm のナトリウムランプの橙色の光をこの膜に垂直に入射させた．このとき，膜で反射する光を弱めるには，膜の厚さを最小何 nm にすればよいか．

62 水面に浮いている厚さ 90 nm の一様な油膜に，垂直に白色光が入射した．この反射光を真上から観測すると，油膜は何色にみえるか．ただし，油膜の屈折率は 1.42，水の屈折率は 1.33 である．

63 波長 589 nm のナトリウムランプの光が，水面に浮いている油膜に入射角 45° で斜めに入射した．このとき，光が油膜で強く反射して明るくみえるには，油膜の厚さは最小何 nm であればよいか．ただし，油膜の屈折率は 1.42，水の屈折率は 1.33 である．

64 凸部の球面の曲率半径が 2.5 m の平凸レンズがある．平凸レンズの凸部を下にして平面ガラス板の上に置き，上方から単色光を垂直に入射させて真上から観察した．すると，ニュートンリングのある次数の暗環の直径が 5.6 mm，それより次数が 5 だけ大きい暗環の

直径が 7.6 mm であった．単色光の波長は何 nm か．

65 問図 2.26 のように，長さ 20 cm の平らで厚いガラス板を 2 枚重ねて，その右端に直径 0.040 mm の細い毛髪をはさむ．そして，波長 589 nm のナトリウムランプの光を真上から入射させ，その反射光をみると，明暗の縞模様が観測された．次の問いに答えよ．**チャレンジ**

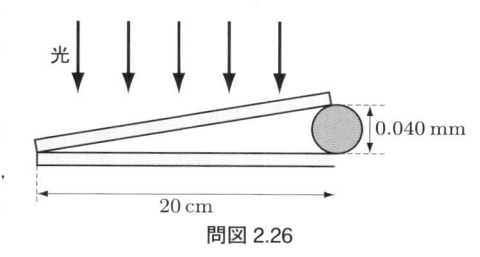

(1) 隣り合う明線の間隔は何 mm か．

(2) 2 枚のガラス板の間を，屈折率が 1.48 のパラフィン油で満たす．このとき，隣り合う明線の間隔は何 mm になるか．

問図 2.26

第3章　熱と分子運動

本章では，必要があれば以下の値を用いよ．
- $0℃ = 273\,\mathrm{K}$
- 熱の仕事当量 $4.2\,\mathrm{J/cal}$
- 水の密度 $1.0\,\mathrm{g/cm^3} = 1.0 \times 10^3\,\mathrm{kg/m^3}$
- 水の比熱 $4.2\,\mathrm{J/(g \cdot K)} = 4.2\,\mathrm{kJ/(kg \cdot K)}$
- 水蒸気の比熱 $2.1\,\mathrm{J/(g \cdot K)} = 2.1\,\mathrm{kJ/(kg \cdot K)}$
- 水の融解熱 $334\,\mathrm{J/g} = 0.334\,\mathrm{MJ/kg}$
- 水の気化熱（蒸発熱）$2.26\,\mathrm{kJ/g} = 2.26\,\mathrm{MJ/kg}$

また，とくに断りがない限り，本章で扱う気体は理想気体として扱う．

3.1 温度と熱

1 次の問いに答えよ．
(1) $10℃$は何 K か．(2) 人間の体温（$36℃$）は何 K か．また，何℉か．

2 次の文章の空欄にあてはまる語句または数値・記号を答えよ．
セ氏温度の単位は（ ① ）で，これは1気圧のもとで，氷が融けて水になる温度を（ ② ），水が沸騰して水蒸気になる温度を（ ③ ）とし，その間を（ ④ ）等分したものである．温度は分子の（ ⑤ ）の激しさを表す尺度ということもできる．科学の分野では，セ氏温度に代わって，（ ⑥ ）温度という尺度を用いる．

3 次の文章の空欄にあてはまる語句を答えよ．
気体は，数多くの（ ① ）の集合体である．各（ ① ）は互いに（ ② ）をしながら，（ ③ ）な方向に運動をしている．これを（ ④ ）という．温度が高いほど（ ④ ）は激しい．

4 $1.0\,\mathrm{kg}$の水に$10000\,\mathrm{J}$の熱を加えた．次の問いに答えよ．
(1) $10000\,\mathrm{J}$は何 cal か．(2) 水の温度は何℃上昇するか．

5 ジュール（Joule）は，エネルギーに関する研究において，滝の上部と下部での水の温度を計測したことが知られている．$50\,\mathrm{m}$の高さの滝において，落下による運動エネルギーの増加がすべて水の温度上昇に使われたとすると，水温は何 K 上昇すると考えられるか．重力加速度の大きさ$g = 9.8\,\mathrm{m/s^2}$として答えよ．

6 日本の在来線のレールの標準長さは$25\,\mathrm{m}$である．真冬と真夏の温度差$30℃$で，レールの長さはどれだけ変化するか．鉄の線膨張率$\alpha = 1.2 \times 10^{-5}\,\mathrm{K^{-1}}$として求めよ．

7 $10℃$のとき体積が$2000\,\mathrm{L}$のガソリンは，$20℃$になると何 L 増えるか．ガソリンの体膨張率$\beta = 0.00135\,\mathrm{K^{-1}}$として求めよ．

8 水銀体温計は，水銀の体膨張を利用して体温を測定する．水銀を用いる理由を答えよ．

9 問図 3.1 は，自動車の中などでしばしば用いられる回路である．次の問いに答えよ．
   (1) スイッチを閉じた後，ヒーター，ランプ，バイメタルはどうなるか．
   (2) この回路は自動車の中のどこに用いられているか．

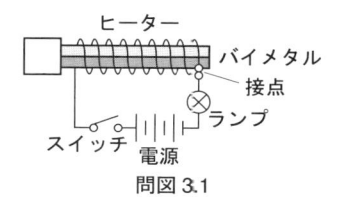

問図 3.1

10 ある製鉄所の炉では，$5.0\text{ t} = 5.0 \times 10^3 \text{ kg}$ の鉄を $20\,°\text{C}$ からその融点の $1537\,°\text{C}$ まで加熱する．鉄の比熱は $0.452 \text{ J/(g·K)} = 452 \text{ J/(kg·K)}$ であるとして，加熱に必要な熱量を求めよ．

11 0.30 m^3 の水を，$10\,°\text{C}$ から $40\,°\text{C}$ まで加熱するのに必要な熱量はいくらか．

12 あるはんだごてのこて先は銅で作られており，その質量は 3.3 g である．このはんだごてのヒーターが 1 秒間に 45 J の熱を発するとき，こて先を $15\,°\text{C}$ から $370\,°\text{C}$ に加熱するのに何秒かかるか．ヒーターの熱はすべてこて先に吸収されるとする．また，銅の比熱は $0.385 \text{ J/(g·K)} = 385 \text{ J/(kg·K)}$ として答えよ．

13 ある電気ポットの熱容量は 450 J/K であり，ヒーターの 1 秒間あたりの発熱量は 1.25 kJ である．この電気ポットに 1.0 kg の水を入れたとき，水の温度の上昇の速さは何 K/min か．ヒーターの熱がすべて電気ポットと水に吸収されるとして答えよ．

14 質量 800 kg の自動車が，20 m/s の速さで動いているとき，ブレーキをかけて止まった．もし，自動車の運動エネルギーの 20% がブレーキディスクに吸収されたとすると，ブレーキディスクの温度は何 K 上昇するか．4 枚のブレーキディスクのそれぞれの質量を 1.5 kg，ブレーキディスクの比熱を 420 J/(kg·K) として答えよ．

15 $95\,°\text{C}$，1.0 kg の水を $20\,°\text{C}$，0.70 kg の銅製の鍋に注いだ．外部への熱の放出は無視できるとして，次の問いに答えよ．銅の比熱は 385 J/(kg·K) とせよ．
   (1) 水と鍋は最終的に $t\,[°\text{C}]$ になった．t を用いて次の温度を絶対温度で表せ．
      ①水の下降温度　　②鍋の上昇温度
   (2) 水の放出した熱量と鍋が吸収した熱量は等しい．このことを式で表せ．また，その式より水と鍋の最終的な温度 t を求めよ．
   (3) 最終的な温度は鍋の初めの温度より水の初めの温度に近い．その理由を説明せよ．

16 450 K に加熱した 400 g の銅のおもりを，500 g の水が入っている熱容量 200 J/K の熱量計に入れた．熱量計およびその中の水の初めの温度は 290 K で，銅のおもりを入れた後，温度は 300 K となった．銅の比熱はいくらか．

17 次のそれぞれについて，必要な熱量はいくらか．
   (1) $100\,°\text{C}$，2.0 L の水を完全に蒸発させるための熱量
   (2) $0\,°\text{C}$ の氷から，$0\,°\text{C}$，0.50 kg の水を得るための熱量

18 次のそれぞれにどのくらい時間が必要か．
(1) 1秒間に 1000 J の熱を発するヒーターで，100 ℃，1.0 kg の水を加熱し，完全に蒸発させる．ヒーターの熱はすべて水に吸収されるとして答えよ．
(2) 1秒間に 75 J の熱を吸収する冷凍庫で，0 ℃，1.0 kg の水をすべて凍らせる．外部からの熱の流入はなく，冷凍庫の能力のすべてが水を冷やすのに使われるとして答えよ．

19 ビーカーの中の液体窒素は，10分間で 46.3 g 減少することがわかった．液体窒素の気化熱が 1.99×10^5 J/kg とすると，ビーカーに熱が流れ込む速さはどれくらいか．

20 ある喫茶店のコーヒーマシンは，0.18 kg の冷たいコーヒーに 100 ℃ の蒸気を通して温める．もし，初めのコーヒーの温度が 14 ℃ だとすると，コーヒーを 85 ℃ にするにはどれだけの質量の蒸気が必要か．蒸気の熱がすべてのコーヒーの温度上昇に使われるとして答えよ．

3.2 気体分子の運動

21 ある量の気体の温度を一定に保ち，圧力と体積を測定したところ，次の結果が得られた．

圧力 [kPa]	102	143	178	200	233
体積 [cm³]	40.5	28.7	23.6	20.7	17.8

次のグラフを描け．また，これらのグラフから，温度が一定の気体について，圧力と体積にはどのような関係があることがわかるか．
(1) P-V グラフ　(2) P-$1/V$ グラフ

22 体積 1.50 L のバルーンがある．内部の圧力は 128 kPa である．バルーン内部の気体の温度を一定に保ったまま，それを押しつぶして体積を 1.30 L にした．内部の圧力はいくらになるか．

23 体積 0.20 m^3 のシリンダー内に，200 kPa，290 K の気体が入っている．
(1) シリンダー内の物質量はいくらか．
(2) シリンダー内には気体分子は何個あるか．
(3) 気体が水素であるとすると，気体の質量はいくらか．また，気体が窒素であるとすると，気体の質量はいくらか．水素分子 1 mol あたりの質量を 2.0 g/mol，窒素分子 1 mol あたりの質量を 28 g/mol とする．

24 体積が 1.50 L，内部の気体の圧力が 110 kPa の容器がある．温度は 290 K である．体積と温度は一定であるとして，次の問いに答えよ．
(1) 容器内の分子の数はいくらか．
(2) 内部の圧力を 115 kPa にするためには，さらに何個の気体分子を入れる必要があるか．

25 車を運転する前，タイヤ内部の空気の圧力と温度は，276 kPa，12 ℃ であった．車を運

転した後，タイヤ内部の圧力は 303 kPa であった．このときのタイヤ内部の空気の温度はいくらか．タイヤの体積，タイヤ内の空気の物質量は変化しないとして答えよ．

26 ある自転車のタイヤの体積は 400 cm^3 で，圧力は 145 kPa である．次の問いに答えよ．
 (1) もし，タイヤがパンクし，タイヤの中の気体の圧力が外気圧 101 kPa と等しくなったとすると，パンク直後にタイヤに閉じ込められていた気体の体積はいくらになるか．パンクの前後で気体の温度は変わらないとして答えよ．
 (2) パンクとともに，気体の温度が変化した．パンク前の気体の温度は 30 ℃ であったとして，パンク後，気体が外気温 10 ℃ と等しくなったとすると，タイヤに閉じ込められていた気体の体積はいくらになるか．

27 ある気体が，体積 6.0×10^{-3} m^3，圧力 80 kPa，温度 20 ℃ の状態にある．次のそれぞれの場合，圧力はいくらになるか．
 (1) 体積一定で，温度を 40 ℃ に上げる．
 (2) 温度一定で，体積を半分に圧縮する．
 (3) 体積一定で，温度を 586 K に上げる．
 (4) 温度一定で，体積を 2.5×10^{-3} m^3 に圧縮する．
 (5) 体積を 12×10^{-3} m^3 に膨張させ，さらに温度を 57 ℃ に上げる．

28 水深 45 m の深さにいるダイバーが出した気泡の体積は 3.0×10^{-5} m^3 であった．この気泡が水面に到着したときの体積はいくらか．水深 45 m の地点の温度は 5 ℃，水面の温度は 12 ℃ であり，気泡の温度はその水深の水の温度と同じとする．大気圧は 101 kPa，海水の密度は 1020 kg/m^3，重力加速度の大きさを 9.8 m/s^2 として答えよ．**チャレンジ**

29 体積 0.20 m^3 の容器に，2.0 g の水素ガス（H$_2$）と 8.0 g のヘリウムガス（He）の混合気体が入っている．ガスの温度は 320 K である．
 (1) 水素ガスとヘリウムガスの物質量はそれぞれいくらか．また，全体の物質量はいくらか．水素分子（H$_2$）1 mol あたりの質量を 2.0 g/mol，ヘリウム原子（He）1 mol あたりの質量を 4.0 g/mol とする．
 (2) 容器内の気体の圧力はいくらか．

30 1 辺の長さが 10 cm の立方体の容器に，290 K の気体が入れてある．次の問いに答えよ．
 (1) 容器内部の気圧は 101 kPa である．容器内には何個の気体分子があるか．
 (2) 容器内部の体積を気体分子の数で割ることで，気体分子 1 個が占有できる体積を求めよ．また，気体分子を直径 3.0×10^{-10} m の球体と仮定すると，気体分子 1 個が占有できる体積は，気体分子の体積の何倍か．

31 問図 3.2 のように，1 辺が 0.50 m の立方体の容器を考える．容器の中には 1.5×10^{24} 個の気体分子が存在し，それぞれの分子の質量は 5.0×10^{-26} kg である．全気体分子の

3分の1の分子が，壁と弾性衝突を繰り返しながらx軸方向に500 m/sの速さで運動していると仮定する．次の問いに答えよ．

(1) 一つの気体分子が壁Aに衝突を繰り返す時間間隔はいくらか．
(2) 気体分子の壁Aへの1回の衝突での運動量の変化はいくらか．
(3) 気体分子が1回の衝突で壁Aに与える力積はいくらか．
(4) 一つの気体分子によって，壁Aが受ける平均の力はいくらか．
(5) 壁Aに衝突するすべての気体分子によって，壁Aが受ける平均の力はいくらか．
(6) 壁Aが受ける圧力はいくらか．

問図 3.2

32 高速道路上を走る10台の異なる車の速度を測定したところ，m/sの単位で，42.0，-32.0，28.0，-40.0，33.0，-32.0，35.0，-34.0，32.0，-25.0であった．

(1) 平均の速度はいくらか． (2) 2乗平均速度はいくらか．

33 次の問いに答えよ．

(1) 気体の圧力Pは，気体分子の数N，気体分子の質量m，気体分子の速さの2乗の平均値$\overline{v^2}$に比例し，気体の体積Vに反比例する．すなわち，$P = \dfrac{1}{3}\dfrac{Nm\overline{v^2}}{V}$が成り立つ．気体分子のもつ全運動エネルギーを物質量n，気体定数R，温度Tで表せ．

(2) (1)の結果を用いて，一つの気体分子の平均運動エネルギーをボルツマン定数k_Bと温度Tで表せ．

34 温度0℃，圧力100 kPaのアルゴンガスの密度は1.78 kg/m³である．次の問いに答えよ． **チャレンジ**

(1) 気体分子の2乗平均速度はいくらか．
(2) 温度をそのままに保って，気体の圧力を半分にすると，気体分子の2乗平均速度はいくらになるか．

35 290Kにおける二酸化炭素と一酸化炭素について，次の問いに答えよ．ただし，二酸化炭素と一酸化炭素の1 molあたりの質量をそれぞれ44 g/molと28 g/molとせよ．

(1) 気体分子の重心の平均運動エネルギー$\dfrac{1}{2}m\overline{v^2}$はいくらか．
(2) 気体分子の2乗平均速度はいくらか．

36 気体分子の平均運動エネルギーが次の値のとき，気体の温度は何Kか．

(1) 6.21×10^{-21} J (2) (1)の2倍（$= 12.42 \times 10^{-21}$ J）

37 次の気体について，288Kでの気体分子の重心の平均運動エネルギーはいくらか．

(1) 水素 (2) 窒素 (3) 臭素

38 問題37のそれぞれの気体について，288Kにおける気体分子の2乗平均速度はいくら

か．それぞれの 1 mol あたりの質量を 2.0 g/mol，28 g/mol，160 g/mol として答えよ．

39 次の問いに答えよ．
(1) 内部エネルギーとはどのようなエネルギーか．
(2) 冷たい氷のブロックは内部エネルギーをもっているか．
(3) 20 ℃ の鉄のブロックが 80 ℃ の鉄のブロックより多くの内部エネルギーをもつことがあるか．

40 二つの銅ブロックを熱的に接触させると，すぐに同じ温度になる．この二つのブロックの内部エネルギーは同じかどうか説明せよ．

41 次のそれぞれの温度における，1.0×10^{24} 個の分子からなる理想気体の内部エネルギーを求めよ．
(1) 300 K　　(2) 600 K

3.3 熱力学の第 1 法則

42 断面積 $1.0 \times 10^{-2} \, \mathrm{m}^2$ の，なめらかに動くピストンを備えたシリンダー内に気体が入っており，その圧力は 100 kPa である．次の問いに答えよ．
(1) 気体がピストンを押す力の大きさはいくらか．
(2) ピストンが外側に 5.0 mm 動いたとき，気体がした仕事はいくらか．

43 熱力学の第 1 法則は，$\Delta U = Q + W$ と書かれる．ΔU，Q，W のそれぞれの記号が表している物理量は何か．また，熱力学の第 1 法則は，$\Delta U = Q - W$ と書かれることもある．このときの W が表している物理量は何か．

44 あるスープを，次の調理機器で温めた．それぞれの場合について，①スープがされた仕事 W の正負，②スープの内部エネルギーの変化 ΔU の正負，③スープが吸収した熱量 Q の正負を答えよ．**チャレンジ**
(1) ガスコンロ　　(2) 電子レンジ

45 自動車がブレーキをかけて停止するまでに，自動車のブレーキは 0.20 MJ の仕事をした．ブレーキディスクは熱くなり，周囲の空気へ 0.080 MJ の熱を放出した．ブレーキディスクがされた仕事 W，吸収した熱 Q，内部エネルギーの変化 ΔU はそれぞれいくらか．

46 電球のフィラメントについて，次のそれぞれの過程における内部エネルギーの変化 ΔU，された仕事 W，吸収した熱量 Q は正，負，ゼロのいずれか．**チャレンジ**
(1) 電球に電流が流れ始めて数ミリ秒の間で，フィラメントが完全に温まる前
(2) フィラメントの温度が一定になったとき

47 なめらかに動くピストンでふたをされたシリンダーに，ある量の理想気体を入れた．ピストンが自由に動く状態で気体を加熱した場合と，ピストンを固定して気体を加熱した場合について，次の問いに答えよ．ただし，両者の場合とも気体に加えた熱量は同じとする．

(1) 気体の内部エネルギーの増加量は，両者で同じか，異なるか．
(2) 気体の温度の上昇量は，両者で同じか，異なるか．

48 一定量の気体の等温変化において，なぜ圧力と体積は反比例するか，気体分子の運動の立場から説明せよ． チャレンジ

49 一定量の気体の定積変化において，なぜ圧力は温度が上昇すると増加するのか，気体分子の運動の立場から説明せよ． チャレンジ

50 気体の熱力学過程において，次のような変化は何変化というか．また，それぞれの圧力－体積の関係を表すグラフの略図を描け．
(1) $\Delta U = 0$　　(2) $Q = 0$　　(3) $W = 0$

51 問図 3.3 は，なめらかに動くピストンによりシリンダー内に閉じ込められた，一定量の気体の圧力と体積の関係を表している．二つの曲線は，それぞれ異なる温度 T_1, T_2 での変化を表している．
(1) T_1 と T_2 はどちらの温度が高いか．
(2) 気体の圧力を外気圧に保って，状態 a から，気体の温度が T_2 になるまで熱を加えた．そのときの P-V グラフを描け．
(3) 状態 a でピストンを固定して，気体の温度が T_2 になるまで熱を加えた．そのときの P-V グラフを描け．

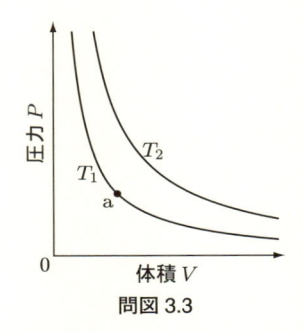

問図 3.3

52 問図 3.4 は，なめらかに動くピストンによりシリンダー内に閉じ込められた，一定量の気体の圧力と体積の関係を表している．二つの曲線は，それぞれ異なる温度 T_1, T_2 での変化を表している．
(1) 次のグラフを描け．
① 状態 a から，定圧で温度が T_2 から T_1 へ変化する場合
② 続いて，定積で温度が T_1 から T_2 へ変化する場合
③ 続いて，一定温度で元の状態 a へ戻る場合
(2) ①，②，③のそれぞれにおいて，内部エネルギーは増加するか，減少するか，それとも変化しないか．

問図 3.4

53 問図 3.5 は，なめらかに動くピストンによりシリンダー内に閉じ込められた，一定量の気体の圧力と体積の関係を表している．二つの曲線は，それぞれ 300 K と 600 K の場合を表している．グラフの値を用いて，次の問いに答えよ．
(1) 気体の物質量はいくらか．

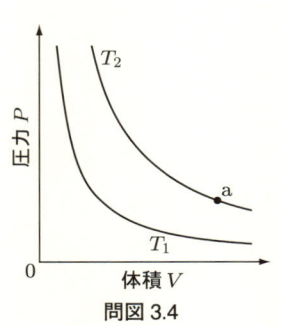

(2) 状態 a での気体の圧力はいくらか．
(3) 状態 b での気体の体積はいくらか．

54 問図 3.5 において，気体を状態 b から状態 c へ圧縮する．次の問いに答えよ．ただし，気体は単原子分子の理想気体とする．
(1) 気体にされる仕事はいくらか．
(2) 気体の内部エネルギーの変化はいくらか．
(3) 気体は外部から仕事をされるにもかかわらず温度が下がる．そのためにはどうすべきか，気体が吸収した熱量 Q を求めて説明せよ．

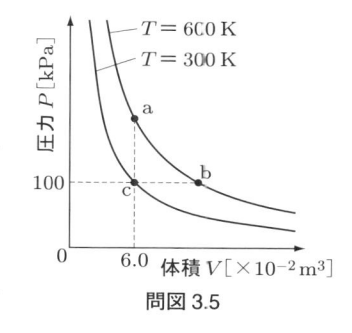

問図 3.5

55 次の文章の空欄にあてはまる式または数値を答えよ．

質量 m の単原子分子が熱運動により飛び回るときの重心の運動エネルギーは，ボルツマン定数 k_B，温度 T を用いて，

$$\frac{1}{2}m\overline{v^2} = \frac{1}{2}m\left(\overline{v_x^2} + \overline{v_y^2} + \overline{v_z^2}\right) = (\ ①\ )$$

で与えられる．気体分子の運動はランダムな運動なので，$\overline{v_x^2} = \overline{v_y^2} = \overline{v_z^2}$ であるから，

$$\frac{1}{2}m\overline{v_x^2} = \frac{1}{2}m\overline{v_y^2} = \frac{1}{2}m\overline{v_z^2} = (\ ②\ )$$

が導かれる．これは，x，y，z の各成分に等しく（ ② ）のエネルギーが分配されることを意味している．このように，一つの自由度に対して（ ② ）ずつエネルギーが配分されるという考えを，エネルギー等分配の法則という．しかし，分子に大きさや形があると，重心の運動エネルギーのほかに，回転の運動エネルギーも考慮する必要がある．

例として 2 原子分子を考える．2 原子分子の場合，回転運動の自由度は（ ③ ）であるから，重心の自由度（ ④ ）と合わせて自由度は（ ⑤ ）となる．よって，エネルギー等分配の法則によると，2 原子分子一つの運動エネルギーは（ ⑥ ）で与えられる．理想気体の内部エネルギーは全分子の運動エネルギーの総和であるから，物質量 n の 2 原子分子の理想気体の内部エネルギー U は，気体定数 R を用いて，$U = nN_A \dfrac{5}{2}k_B T$ ＝（ ⑦ ）で与えられる．よって，内部エネルギーの変化量は，$\Delta U =$（ ⑧ ）となる．定積変化の場合は，$\Delta U = Q_{in}$ だから，定積モル比熱を C_V とすると，$Q_{in} = n\dfrac{5}{2}R\Delta T = nC_V \Delta T$ となり，$C_V =$（ ⑨ ）が得られる．また，マイヤーの関係式より，定圧モル比熱 C_P は，$C_P =$（ ⑩ ）となる．

3.4 熱力学の第2法則

56 物質量 n の単原子分子の理想気体について，次の問いに答えよ．

(1) 550 K と 300 K の等温変化を表す P-V グラフの略図を描き，四つの状態 a, b, c, d 間を変化する次の熱サイクルを記入せよ．

状態 a → 状態 b：300 K での等温圧縮
状態 b → 状態 c：550 K までの断熱圧縮
状態 c → 状態 d：550 K での等温膨張
状態 d → 状態 a：300 K までの断熱膨張

(2) 各過程における吸収した熱量 Q [kJ]，気体がした仕事 W [kJ]，内部エネルギーの変化 ΔU [kJ] を，次のようにして求めよ．

① 値がゼロであるものを求めよ．
② この気体の内部エネルギーは，温度の関数として $U = \dfrac{3}{2}nRT$ と書ける．また，$nR = 40$ J/K であるとする．過程 b → c と過程 d → a における内部エネルギーの変化と気体がした仕事を求めよ．
③ 過程 a → b で，気体に 7.3 kJ の仕事がされ，過程 c → d で気体が 13.4 kJ の仕事をしたとする．それぞれの過程で気体が吸収した熱量を求めよ．

(3) この熱サイクルによりなされた正味の仕事はいくらか．
(4) この熱サイクルが高温熱源から吸収した熱量はいくらか．
(5) この熱サイクルの熱効率はいくらか．

57 問図 3.6 は熱機関の動作原理を表している．高温熱源から Q_2 の熱量を吸収し，低温熱源へ Q_1 の熱量を排出する．そのとき，外部に W_{cycle} の仕事をする．なめらかに動作する熱機関は逆サイクルも可能であり，熱機関の逆サイクルは，熱ポンプとよばれる．次の問いに答えよ．

(1) 問図 3.6 と同様に，熱ポンプの動作原理を表す図を描け．
(2) 多くの家に設置されている熱ポンプの名称を答えよ．
(3) その熱ポンプにおいて，高温熱源は何か，また低温熱源は何か．

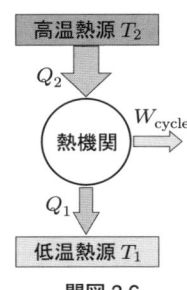

問図 3.6

58 問図 3.6 に示した熱機関について，次の問いに答えよ．

(1) この熱機関の熱効率 η はいくらか．Q_2 と Q_1 を用いて表せ．
(2) $Q_2 = 3.9$ GJ，$Q_1 = 2.4$ GJ として，熱効率を計算せよ．

59 カルノーサイクルにおいて，高温熱源および低温熱源の温度 T_2，T_1 が，次のそれぞれの場合について，熱効率はいくらになるか．

(1) 550 K と 300 K (2) 650 K と 300 K (3) 750 K と 300 K

60 物質量 n の気体の体積と温度を，問図 3.7 のように二つの断熱変化と二つの定積変化を含む熱サイクルにより変化させた．各状態での体積と温度は，それぞれ状態 a (V_1, T_a)，状態 b (V_2, T_b)，状態 c (V_2, T_c)，状態 d (V_1, T_d) とする．この気体の定積モル比熱を C_V として，次の各問いに答えよ．

(1) このサイクルで熱を吸収するのはどの過程か．また，その熱量を求めよ．

(2) このサイクルで熱を放出するのはどの過程か．また，その熱量を求めよ．

(3) この熱サイクルの熱効率 η を，それぞれの状態の温度で表せ．

(4) 断熱変化では，気体の体積と温度に $TV^{\gamma-1} = $ 一定の関係が成り立つ．ここで，γ は比熱比である．このサイクルの熱効率 η を，γ およびこの熱機関の圧縮比 $r_\mathrm{c} = \dfrac{V_1}{V_2}$ で表せ．

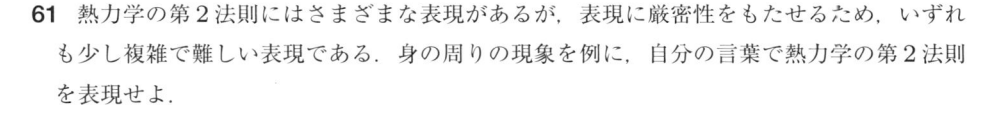

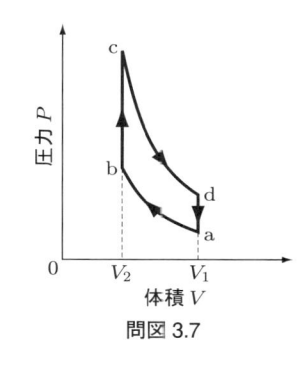

問図 3.7

61 熱力学の第 2 法則にはさまざまな表現があるが，表現に厳密性をもたせるため，いずれも少し複雑で難しい表現である．身の周りの現象を例に，自分の言葉で熱力学の第 2 法則を表現せよ．

第4章　電気と磁気

本章では，必要があれば以下の値を用いよ．
- 電気素量 $e = 1.6 \times 10^{-19}$ C
- クーロンの法則の定数 $k = 9.0 \times 10^9$ N·m²/C²
- 真空の誘電率 $\varepsilon_0 = 8.85 \times 10^{-12}$ F/m
- 磁気に関するクーロンの法則の定数 $k_m = 6.33 \times 10^4$ N·m²/Wb²
- 真空の透磁率 $\mu_0 = 1.26 \times 10^{-6}$ N/A²

4.1 静電気力

1 次の文章の空欄にあてはまる語句を答えよ．

陽子・電子や，それらの集合体である物質のもつ電気を（ ① ）という．陽子は（ ② ）の（ ① ）をもち，電子は（ ③ ）の電荷をもつ．陽子のもつ（ ① ）の大きさを（ ④ ）といい，通常 e で表す．

摩擦などにより物体間を電子が移動して物体が（ ① ）をもつことを，「物体が（ ⑤ ）した」という．このとき，その前後で（ ① ）の総量は一定に保たれる．これを（ ⑥ ）という．

（ ① ）どうしの間には電気的な力がはたらく．これを（ ⑦ ）といい，（ ① ）が同符号の場合は（ ⑧ ）となり，異符号の場合は（ ⑨ ）となる．

2 陽子 1 mol あたりの電荷は何 C になるか．

3 5.0 μC，4.0 μC の 2 個の点電荷を 30 cm 離して置いた．両者間にはたらく静電気力の大きさ F を求めよ．

4 水素原子を構成する陽子と電子の間にはたらく静電気力の大きさ F を求めよ．ただし，陽子と電子の間の距離（水素原子の半径）を $r = 5.3 \times 10^{-11}$ m とせよ．

5 軽いひもの一端に質量 $m = 270$ g の金属球をとりつけたものが 2 組ある．両方の金属球に等量の電荷 Q を与え，ひもの他端を天井につないだところ，問図 4.1 のように 2 個の金属球は天井から 0.60 m だけ低い位置でつり合った．重力加速度の大きさを $g = 10$ m/s² として，金属球に与えた電荷 Q を求めよ．

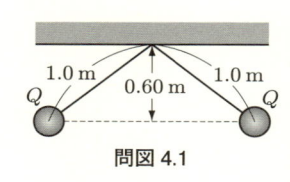

問図 4.1

6 1.0 μC，2.0 μC，3.0 μC の 3 個の点電荷が，問図 4.2 のように，1.0 m と 3.0 m の間隔をあけて一直線上に固定されている．中央の 2.0 μC の点電荷にはたらく静電気力の向きと大きさ F を求めよ．

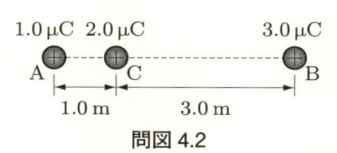

問図 4.2

7 $1.0\,\mu\mathrm{C}$, $2.0\,\mu\mathrm{C}$, $3.0\,\mu\mathrm{C}$ の 3 個の点電荷が,問図 4.3 のように直角三角形 ABC の頂点に固定されている.頂点 C の $2.0\,\mu\mathrm{C}$ の点電荷にはたらく静電気力の向きと大きさ F を求めよ.

8 $3.0\,\mu\mathrm{C}$, $1.0\,\mu\mathrm{C}$, $2.0\,\mu\mathrm{C}$ の 3 個の正の点電荷が,問図 4.4 のように,1 辺の長さが $3.0\,\mathrm{m}$ の正三角形 ABC の頂点に固定されている.図の頂点 C の $2.0\,\mu\mathrm{C}$ の点電荷にはたらく静電気力の大きさ F と,その x 成分 F_x, および y 成分 F_y を求めよ.

9 $1.0\,\mu\mathrm{C}$ の 4 個の正の点電荷が,1 辺の長さが $2.0\,\mathrm{m}$ の正方形 ABCD の頂点に固定されている.頂点 C の点電荷にはたらく静電気力の大きさ F を求めよ.

10 $3.0\,\mu\mathrm{C}$, $1.0\,\mu\mathrm{C}$, $2.0\,\mu\mathrm{C}$, $-1.0\,\mu\mathrm{C}$ の 4 個の点電荷が,問図 4.5 のように 1 辺の長さが $3.0\,\mathrm{m}$ の正方形 ABCD の頂点に固定されている.図の頂点 C の $2.0\,\mu\mathrm{C}$ の点電荷にはたらく静電気力の大きさ F と,その x 成分 F_x, および y 成分 F_y を求めよ. **チャレンジ**

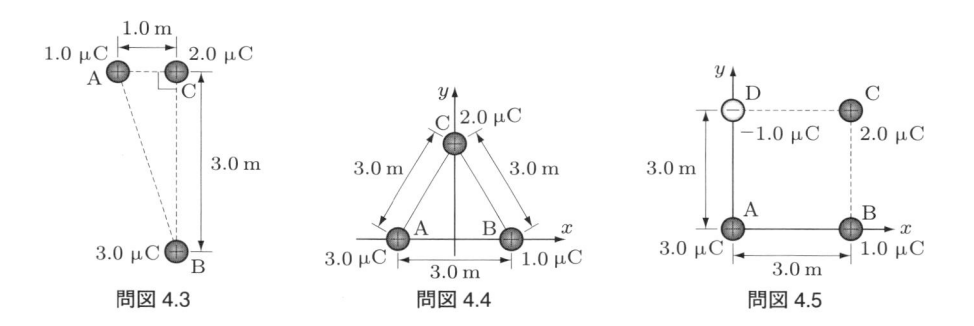

問図 4.3

問図 4.4

問図 4.5

4.2 電界とガウスの法則

11 $0.80\,\mathrm{nC}$ の点電荷から距離 $60\,\mathrm{cm}$ 離れた点での電界の強さ E を求めよ.

12 $1.0\,\mathrm{nC}$, $2.0\,\mathrm{nC}$ の 2 個の点電荷が,問図 4.6 のように固定されている.点 P での電界の向きと強さ E を求めよ.

13 $1.0\,\mathrm{nC}$, $3.0\,\mathrm{nC}$ の 2 個の点電荷が,問図 4.7 のように直角三角形の頂点 A, B に固定されている.頂点 C での電界の向きと強さ E を求めよ.

14 問図 4.8 のように,$125\,\mathrm{nC}$ の 2 個の点電荷が距離 $80\,\mathrm{cm}$ 離して固定されている.それらの垂直二等分線上で,中点から距離 $30\,\mathrm{cm}$ の点 P での電界の向きと強さ E を求めよ.

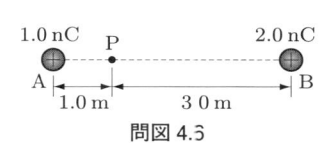

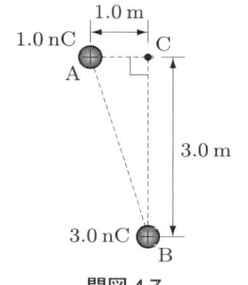

問図 4.6

問図 4.7

問図 4.8

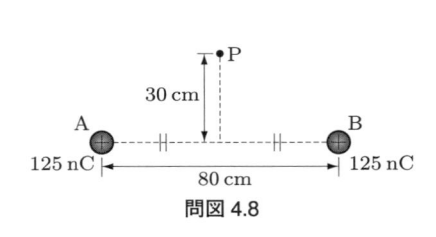

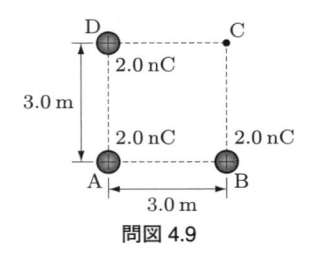

問図 4.9

15 $2.0\,\mathrm{nC}$ の 3 個の正の点電荷が，問図 4.9 のように 1 辺の長さが $3.0\,\mathrm{m}$ の正方形 ABCD の頂点 A，B，D に固定されている．図の頂点 C での電界の強さ E を求めよ．

16 $3.0\,\mathrm{nC}$, $2.0\,\mathrm{nC}$, $-1.0\,\mathrm{nC}$ の 3 個の点電荷が，問図 4.10 のように 1 辺の長さが $3.0\,\mathrm{m}$ の正方形の頂点 A，B，D に固定されている．図の頂点 C での電界の強さ E と，その x 成分 E_x，および y 成分 E_y を求めよ．**チャレンジ**

17 正の点電荷 q [C] の周囲の電界の強さ E [N/C] を，ガウスの法則を利用して求めよ．

18 一様に正に帯電した半径 R [m] の球殻（中が中空の球）の内外の電界の強さ E [N/C] を，ガウスの法則を利用して求めよ．ただし，球殻の全電荷を q [C] とせよ．**チャレンジ**

19 一様に正に帯電した半径 R [m] の球の内外の電界の強さ E [N/C] を，ガウスの法則を利用して求めよ．ただし，球の全電荷を q [C] とせよ．**チャレンジ**

20 一様に正に帯電した無限直線の周囲の電界の強さ E [N/C] を，ガウスの法則を利用して求めよ．ただし，電荷の線密度を λ [C/m] とせよ．

21 一様に正に帯電した半径 R [m] の無限に長い円筒（中は中空）の内外の電界の強さ E [N/C] を，ガウスの法則を利用して求めよ．ただし，円筒の長さ $1.0\,\mathrm{m}$ あたりの電荷を λ [C/m] とせよ．**チャレンジ**

22 一様に正に帯電した半径 R [m] の無限に長い円柱（中は中空でない）の内外の電界の強さ E [N/C] を，ガウスの法則を利用して求めよ．ただし，円柱の長さ $1.0\,\mathrm{m}$ あたりの電荷を λ [C/m] とせよ．**チャレンジ**

23 問図 4.11 のように，一様に帯電した 2 枚の無限平板（電荷の面密度は σ [C/m^2]）が平行に置かれているとき，2 枚の無限平板の周囲の電界の強さ E [N/C] を求めよ．

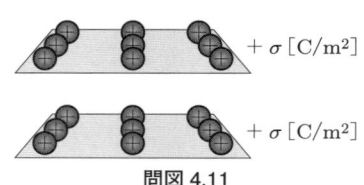

問図 4.10

問図 4.11

4.3 電位

24 電界の強さが $E = 4.5 \times 10^3$ V/m の一様な電界内で,電荷が $q = 1.6 \times 10^{-2}$ C の点電荷が移動した.次の問いに答えよ.
(1) 点電荷が電界の方向に距離 $d = 1.0$ m だけ移動するとき,静電気力がする仕事 W_1 を求めよ.
(2) 点電荷が電界と $\theta = 60°$ の角度をなす向きに距離 $d = 0.50$ m だけ移動するとき,静電気力がする仕事 W_2 を求めよ.

25 0.80 nC の点電荷から距離 60 cm 離れた点での電位 V を求めよ.ただし,点電荷から無限に遠い点を電位の基準点とする.

26 問図 4.12 のように,25 nC の 2 個の点電荷が距離 6.0 m 離れた点 A, B に固定されている.それらの垂直二等分線上で,中点から距離 4.0 m の点 P での電位 V を求めよ.ただし,2 個の点電荷から無限に遠い点を電位の基準点とする.

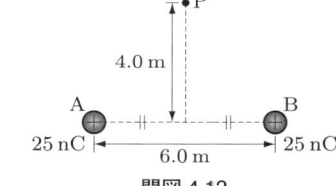

問図 4.12

27 1.0 nC,3.0 nC の 2 個の点電荷が,問図 4.13 のように直角三角形 ABC の頂点 A, B に固定されている.頂点 C での電位 V を求めよ.ただし,2 個の点電荷から無限に遠い点を電位の基準点とする.

問図 4.13

28 次の文章の空欄にあてはまる語句を答えよ.

金属のように電気を伝えやすい物体を(①)という.導体が電気を伝えやすいのは,その内部に(②)という移動が容易な電荷をもった粒子が多数存在しているためである.金属の場合,これは,その内部を自由に動き回ることのできる(③)である.

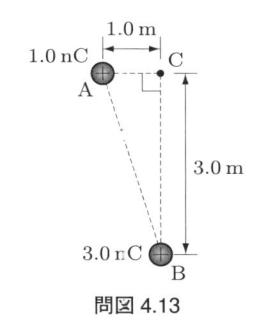

(①)を電界内に置くと,電界により(①)内の(②)が移動し,(①)表面の高電位側に負の電荷,低電位側に正の電荷が現れる.そして,この電荷は元の電界と逆向きの電界を作る.したがって,キャリアの移動により導体内の電界は弱められ,最終的に(④)となる.この現象を(⑤)という.

(①)でできた箱に帯電体を近づけると,(⑤)により帯電体の電気力線は箱の内部に侵入できない.このため,箱の内部は電界が(④)となるが,この現象を(⑥)という.

29 質量 m,電荷 q の正の点電荷を,十分遠方から質量 M,電荷 Q の正の点電荷に向けて初速 v_0 で打ち出した.両者は一直線上にあるとして,次の問いに答えよ.　**チャレンジ**
(1) 質量 M の点電荷が固定されているとして,両者が最接近する距離 R_1 を求めよ.

(2) 質量 M の点電荷が固定されていないとして，両者が最接近する距離 R_2 を求めよ．

4.4 コンデンサー

30 面積 S の金属板 2 枚を，間隔 d で向かい合わせた平行板コンデンサーの電気容量を C とする．このコンデンサーの電気容量は，次の場合それぞれ何倍になるか．
 (1) 金属板の面積 S を 2 倍にした場合
 (2) 間隔 d を 2 倍にした場合
 (3) 金属板の面積 S も間隔 d も両方 2 倍にした場合

31 面積 $S = 2.0 \text{ m}^2$ の金属板 2 枚を，間隔 $d = 30 \text{ μm}$ で向かい合わせた平行板コンデンサーの電気容量 C を求めよ．また，このコンデンサーに 100 V の電圧を加えたとき，蓄えられる電荷 Q を求めよ．

32 電気容量が $C = 1.00 \text{ μF}$ の平行板コンデンサーを作りたい．次の問いに答えよ．
 (1) 金属板の面積が $S = 1.00 \text{ m}^2$ の場合，金属板の間隔 d をいくらにすればよいか．
 (2) 金属板の間隔が $d = 1.00 \text{ μm}$ の場合，金属板の面積 S はいくらにすればよいか．

33 ガラスの比誘電率は $\varepsilon_r = 4.00$ であった．ガラスの誘電率 ε を求めよ．

34 問題 31 のコンデンサーの極板間を，比誘電率 $\varepsilon_r = 4.0$ のガラスで満たした．このコンデンサーの電気容量 C' を求めよ．

35 電気容量が $C_1 = 7.0 \text{ μF}$，$C_2 = 3.0 \text{ μF}$ の二つのコンデンサーがある．これらを並列および直列に接続したときの合成容量 C_P，C_S をそれぞれ求めよ．

36 電気容量が $C_1 = 1.0 \text{ μF}$，$C_2 = 2.0 \text{ μF}$，$C_3 = 3.0 \text{ μF}$ の三つのコンデンサーがある．これらを問図 4.14 のように接続したときの合成容量 C を求めよ．

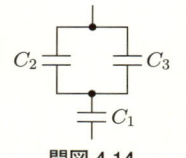

問図 4.14

37 面積 S の金属板 2 枚を，間隔 d で向かい合わせた平行板コンデンサーがある．このコンデンサーの極板間に面積 $\dfrac{S}{2}$，厚み d，比誘電率 ε_r の誘電体の板を挿入した．このコンデンサーの電気容量 C を求めよ．ただし，真空の誘電率を ε_0 とせよ．

38 電気容量が $C = 7.0 \text{ μF}$ のコンデンサーを，電圧 $V = 12 \text{ V}$ の電池に接続した．このときコンデンサーに蓄えられる電荷 Q，静電エネルギー U を求めよ．

39 面積 S の金属板 2 枚を間隔 d で向かい合わせた平行板コンデンサーを，電圧 V の電池に接続して充電した．真空の誘電率を ε_0 として，次の問いに答えよ．
 (1) 電池を接続したまま，このコンデンサーの金属板の間隔 d を 2 倍にした．このときコンデンサーに蓄えられた電荷 Q_1，静電エネルギー U_1，極板間電界の強さ E_1 を求めよ．

(2) 電池を切り離してから，このコンデンサーの金属板の間隔 d を2倍にした．このときのコンデンサーの極板間電圧 V_2，静電エネルギー U_2，極板間電界の強さ E_2 を求めよ．

40 面積 S の金属板2枚を間隔 d で向かい合わせた平行板コンデンサーを，電圧 V の電池に接続して充電した．真空の誘電率を ε_0 として，次の問いに答えよ． **チャレンジ**
(1) 電池を接続したまま，このコンデンサー内を比誘電率 ε_r の誘電体で満たした．このときコンデンサーに蓄えられた電荷 Q_1，静電エネルギー U_1 を求めよ．
(2) 電池を切り離してから，このコンデンサー内を比誘電率 ε_r の誘電体で満たした．このときのコンデンサーの極板間電圧 V_2，静電エネルギー U_2 を求めよ．

4.5 電流と電圧

41 $1.4\,\mathrm{A}$ の電流が流れている導線がある．この導線のある断面を 2.5 秒間に通過する電荷 Q を求めよ．

42 $1.0\,\mathrm{A}$ の電流が流れている導線がある．この導線のある断面を 1.0 秒間に通過する電子の個数を求めよ．

43 断面積 $S = 0.50\,\mathrm{mm}^2$ の銅線に $I = 2.8\,\mathrm{A}$ の電流が流れている．自由電子の電子密度を $n = 1.4 \times 10^{29}$ 個$/\mathrm{m}^3$ として，その平均の速さ v を求めよ．

44 オームの法則に関する次の問いに答えよ．
(1) $R = 2.4\,\Omega$ の抵抗に電流 $I = 0.75\,\mathrm{A}$ の電流が流れた．抵抗に加わる電圧 V を求めよ．
(2) $R = 1.7\,\Omega$ の抵抗に $V = 5.1\,\mathrm{V}$ の電圧を加えた．抵抗に流れる電流 I を求めよ．
(3) 抵抗線に $V = 9.8\,\mathrm{V}$ の電圧をかけたところ，$I = 1.4\,\mathrm{A}$ の電流が流れた．抵抗線の電気抵抗 R を求めよ．

45 長さ $L = 5.0\,\mathrm{km}$，半径 $r = 1.0\,\mathrm{mm}$ の円柱状の銅線の電気抵抗 R を求めよ．ただし，銅の抵抗率を $\rho = 1.7 \times 10^{-8}\,\Omega\cdot\mathrm{m}$ とする．

46 長さ $L = 8.4\,\mathrm{m}$，断面積 $S = 0.24\,\mathrm{mm}^2$ の円柱状の金属線の電気抵抗が $R = 3.5\,\Omega$ であった．この金属の抵抗率 $\rho\,[\Omega\cdot\mathrm{m}]$ を求めよ．

47 $R = 5.0\,\Omega$ の抵抗に $V = 9.0\,\mathrm{V}$ の電圧を加えた．抵抗を流れる電流 I と，抵抗で消費される電力 P を求めよ．

48 懐中電灯の電球に $V = 4.8\,\mathrm{V}$ の電圧を加えたところ，$I = 0.75\,\mathrm{A}$ の電流が流れた．この懐中電灯を 2.5 秒間点灯させたとき，電球で消費されたジュール熱 W を求めよ．

49 電気抵抗 R の抵抗線に電圧 V を加えたところ，電流 I が流れた．抵抗線で消費される電力 P は，次の場合それぞれ何倍になるか．
(1) 電圧 V を一定にしたまま抵抗線の電気抵抗を2倍にした場合
(2) 電流 I を一定にしたまま抵抗線の電気抵抗を2倍にした場合

4.6 直流回路

50 電気抵抗が $R_1 = 2.0\,\Omega$, $R_2 = 8.0\,\Omega$ の二つの抵抗がある.これらを直列および並列に接続したときの合成抵抗 R_S, R_P をそれぞれ求めよ.

51 電気抵抗が $R_1 = 1.0\,\Omega$, $R_2 = 2.0\,\Omega$, $R_3 = 3.0\,\Omega$ の三つの抵抗がある.これらを問図 4.15 のように接続したときの合成抵抗 R を求めよ.

問図 4.15

52 起電力 $E = 4.8\,\mathrm{V}$, 内部抵抗 $r = 0.80\,\Omega$ の電池に $R = 2.4\,\Omega$ の抵抗を接続した.抵抗 R を流れる電流 I と,電池の端子電圧 V を求めよ.

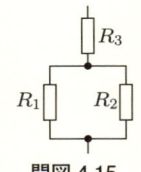

53 起電力 E, 内部抵抗 r の電池がある.この電池の端子間に電気抵抗 R の抵抗を接続した.抵抗で消費される電力 P を最大にするには,電気抵抗 R をいくらにすればよいか. **チャレンジ**

54 問図 4.16 のように,内部抵抗が無視できる起電力 $E_1 = 14\,\mathrm{V}$, $E_2 = 15\,\mathrm{V}$ の電池に,電気抵抗 $R_1 = 2.0\,\Omega$, $R_2 = 3.0\,\Omega$, $R_3 = 6.0\,\Omega$ の抵抗を接続した.それぞれの抵抗を流れる電流の向きと大きさを求めよ.

55 問図 4.17 のように,$R_1 = 1.0\,\Omega$, $R_2 = 2.0\,\Omega$, 可変抵抗 R_3, 未知の抵抗 R_x の 4 個の抵抗を接続し,$R_3 = 3.0\,\Omega$ としたとき検流計 G には電流が流れなかった.このとき,電気抵抗 R_x を求めよ.

56 問図 4.18 のように,内部抵抗 $r = 0.20\,\Omega$, 起電力 $E_0 = 7.2\,\mathrm{V}$ の電池と,長さ $L = 1.2\,\mathrm{m}$ の電気抵抗 $R = 4.6\,\Omega$ の抵抗線を接続した.次の問いに答えよ. **チャレンジ**

(1) 抵抗線に流れる電流 I を求めよ.

(2) スイッチを起電力 E_1 の電池側に倒したところ,$x = 0.40\,\mathrm{m}$ としたとき検流計に電流が流れなくなった.電池の起電力 E_1 を求めよ.

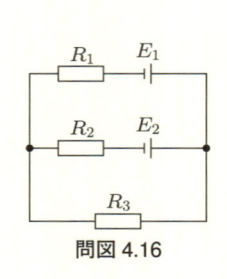

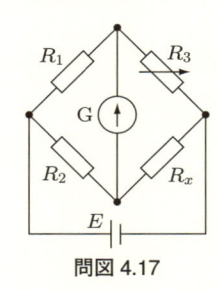

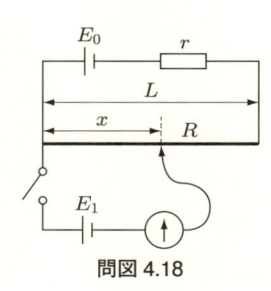

問図 4.16 問図 4.17 問図 4.18

4.7 電流と磁界

57 問図 4.19 のように,磁荷が $1.0\,\mathrm{Wb}$, $2.0\,\mathrm{Wb}$ の 2 個の磁極を $3.0\,\mathrm{m}$ 離して置いた.両者間にはたらく磁気力の大きさ $F_\mathrm{m}\,[\mathrm{N}]$ を求めよ.

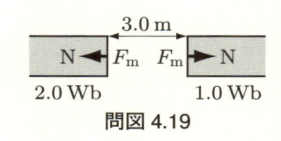

問図 4.19

58 両端の磁極の強さが 5.00 mWb で長さ 6.00 cm の棒磁石の中点から距離 4.00 cm の点 P に強さ 5.00 mWb の磁極を置いた．これにはたらく磁気力の大きさ F_m と向き，磁極を置く前の磁界の強さ H と向きを求めよ．

59 地磁気による磁界の強さが $H = 25$ N/Wb であったとする．ここに，0.48 Wb の点磁荷を置くと，これにはたらく磁気力の大きさ F_m は何 N になるか．

60 次の文章の空欄にあてはまる語句を答えよ．

　磁界により物体に磁極が生じる現象を（ ① ）といい，（ ① ）する物体を（ ② ）という．アルミニウムや空気のように，磁界と同じ方向に弱い（ ① ）を生じる物体を（ ③ ）といい，鉄・コバルト・ニッケルのように，磁界と同じ方向に強い（ ① ）を生じる物体を（ ④ ）という．また，磁界と反対向きに（ ① ）を生じる物体を（ ⑤ ）という．（ ④ ）に加える磁界を変化させ，磁界と（ ① ）の関係をグラフにすると，ループ状の閉曲線を描く．この閉曲線を（ ⑥ ）という．

61 $I = 2.0$ A の十分長い直線電流から距離 $r = 30$ cm 離れた点での磁界の強さ H を求めよ．

62 問図 4.20 のように，1.0 A の 2 本の十分長い直線電流 A，B が距離 8.0 m 離して平行に固定されている．次の問いに答えよ．

(1) それらの中点での磁界の向きと強さ H を求めよ．

(2) それらの垂直二等分線上で，中点から距離 3.0 m の点 P での磁界の向きと強さ H を求めよ．

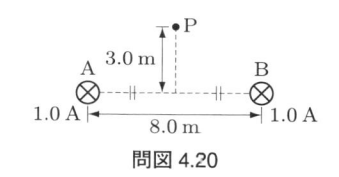

問図 4.20

63 半径 $r = 20$ cm の円形コイルに $I = 3.0$ A の電流を流したときのコイルの中心での磁界の強さ H を求めよ．

64 問図 4.21 のように，$I_\mathrm{L} = 5.0$ A の十分長い直線電流から距離 $r = 70$ cm 離れた点 P を中心に，直線電流を含む面内に半径 $R = 30$ cm の円形コイルが設置してある．コイルに $I_\mathrm{C} = 2.0$ A の電流を流したときのコイルの中心 P での磁界の強さ H を求めよ．

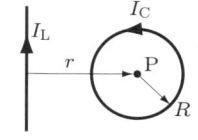

問図 4.21

65 1 cm あたりの巻き数 20 の十分長いソレノイドに，$I = 3.0$ A の電流を流したときのソレノイド内部の磁界の強さ H を求めよ．

66 長さ 20 cm の十分細い円筒の側面に電線を巻きつけ，ソレノイドにした．電線は一様に 500 回巻かれていたとして，これに $I = 1.4$ A の電流を流したときの円筒内部の磁界の強さ H を求めよ．

67 長さ 1.0 m，半径 $r = 1.0$ cm の細い円筒の側面に，直径 $d = 1.0$ mm の銅線をすき間なく巻きつけ，ソレノイドにした（単位長さあたりの巻数は $n = 1000$ 巻/m とする）．銅線に起電力 $V = 3.0$ V の電池を接続したときの円筒内部の磁界の強さ H を求めよ．ただ

し，銅の抵抗率を $\rho = 1.7 \times 10^{-8}\,\Omega\cdot\mathrm{m}$ とする．**チャレンジ**

68 問図 4.22 のように，磁界の強さが $H = 5.0\,\mathrm{A/m}$ の一様な磁界内に $I = 4.0\,\mathrm{A}$ の直線電流を流した．直線電流の長さ $1.0\,\mathrm{m}$ の部分にはたらく力の大きさ F を求めよ．ただし，磁界と電流がなす角を $\theta = 30°$ とせよ．

69 問図 4.23 のように，$a = 5.0\,\mathrm{cm}$，$b = 3.0\,\mathrm{cm}$ の長方形コイルに電流 $I = 3.0\,\mathrm{A}$ を流したとして，コイルにはたらく力のモーメント N を求めよ．ただし，磁束密度の大きさは $B = 0.20\,\mathrm{T}$ であり，磁界の向きと長さ b の辺のなす角は $\theta = 30°$ である．

問図 4.22

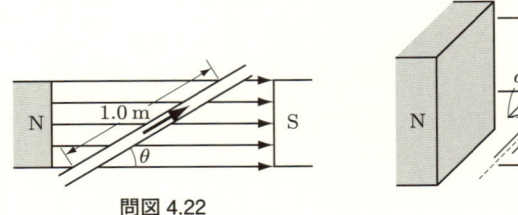

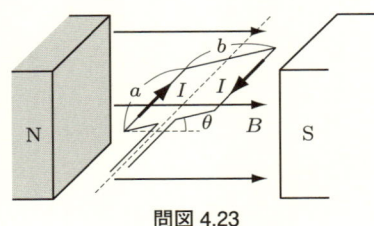

問図 4.23

70 十分長い 2 本の直線電流 $I_1 = 4.0\,\mathrm{A}$，$I_2 = 3.0\,\mathrm{A}$ が，$r = 2.0\,\mathrm{m}$ 離れて同じ向きに平行に流れているとき，導線の単位長さあたりにはたらく力の大きさ f と向きを求めよ．

71 十分長い 2 本の直線導線が間隔 $r = 1.0\,\mathrm{m}$ あけて固定されている．この直線導線に，等しい電流 I を流したとき，導線の単位長さあたり大きさが $f = 2.0 \times 10^{-7}\,\mathrm{N/m}$ の力がはたらいた．真空の透磁率を $\mu_0 = 4\pi \times 10^{-7}\,\mathrm{N/A^2}$ として，電流 I を求めよ．

72 磁束密度の大きさ $B = 0.20\,\mathrm{T}$ の真空中の一様な磁界内で，磁界と垂直な方向に電子を $v = 2.0 \times 10^6\,\mathrm{m/s}$ の速さで打ち出した．電子にはたらくローレンツ力の大きさ f を求めよ．

73 磁束密度の大きさ $B = 2.0 \times 10^{-4}\,\mathrm{T}$ の真空中の一様な磁界内で，磁界と垂直な方向に電子を $V = 220\,\mathrm{V}$ の電圧で加速して打ち出した．電子のサイクロトロン運動の回転半径 r を求めよ．ただし，電子の比電荷を $\dfrac{e}{m} = 1.76 \times 10^{11}\,\mathrm{C/kg}$ とせよ．**チャレンジ**

4.8 電磁誘導と交流

74 問図 4.24 のように，磁束密度の大きさ B の一様な磁界に垂直に置かれた幅 L のコの字形導線がある．導線には起電力 E，内部抵抗 r の電池が接続されて，その上には自由に動く抵抗 R の金属棒が載せてある．次の問いに答えよ．

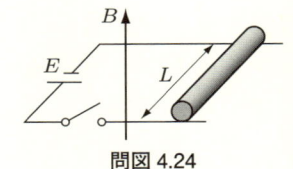

(1) スイッチを倒すと金属棒に電流が流れ，棒には図の右向きに磁界からの力がはたらく．スイッチを倒した直後に金属棒が磁界から受ける力の大きさ F を求めよ．

問図 4.24

(2) (1)の力により金属棒は図の右向きに加速される．棒が磁界を横切るため誘導起電力 V が生じ，それがやがて電池の起電力 E と等しくなって棒は等速度運動をする．等速度運動となったときの速さ v を求めよ．

75 問図 4.25 のように，面積が S の矩形コイルを，磁束密度 B の磁界中で角速度 ω で回転させた．コイルは回転軸に対して対称で，回転軸は磁界に対して垂直とする．コイルを貫く磁束 Φ が $\Phi = BS\cos\omega t$ で与えられるとして，次の問いに答えよ．

チャレンジ

(1) コイルに接続された抵抗 R を流れる電流 I を時間 t の関数として表せ．

(2) 回転に要する力のモーメント N を時間 t の関数として表せ．

(3) 以上のことより，回転に要する力のモーメントがする仕事率が，抵抗で消費される電力と等しいことを示せ．

問図 4.25

76 半径 $r = 5.0\,\mathrm{mm}$，長さ $l = 30\,\mathrm{cm}$，比透磁率 $\mu_\mathrm{r} = 1000$ の鉄芯に，一様な密度 $n = 1000$ 巻/m で導線を巻いてソレノイドにした．このソレノイドの自己インダクタンス L を求めよ．ただし，$\pi^2 = 10$ とせよ．

77 自己インダクタンス $L = 0.010\,\mathrm{H}$ のコイルを流れる電流を $\Delta t = 0.20\,\mathrm{s}$ の間に $\Delta I = 30\,\mathrm{A}$ だけ増加させた．このときコイルに生じた誘導起電力の大きさ V を求めよ．

78 自己インダクタンス $L = 0.20\,\mathrm{H}$ のコイルに電流 $I = 3.0\,\mathrm{A}$ が流れている．このときコイルに蓄えられたエネルギー U を求めよ．

79 交流の周波数が $f = 60\,\mathrm{Hz}$ の場合，周期 T と角周波数 ω はいくらになるか．

80 ある交流電源の電圧の実効値が $V_\mathrm{e} = 100\,\mathrm{V}$ であるとき，この電源に電気抵抗 $R = 20\,\Omega$ の抵抗を接続した．このときの電流の実効値 I_e と電力の平均値 $\overline{P}$ を求めよ．

81 自己インダクタンス $L = 0.20\,\mathrm{H}$ のコイルを周波数 $60\,\mathrm{Hz}$ の交流電源に接続した．このときの誘導リアクタンスを求めよ．

82 問図 4.26 のように，1次コイルに交流電源を接続した．交流電源の電圧の実効値を $V_\mathrm{1e} = 100\,\mathrm{V}$，1次コイルの巻き数を $N_1 = 500$，2次コイルの巻き数を $N_2 = 4500$ とするとき，2次コイルに生じる電圧の実効値 V_2e を求めよ．

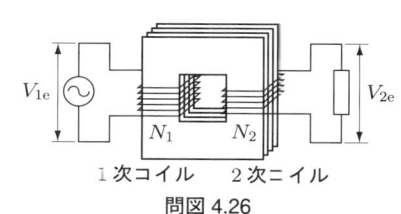

問図 4.26

83 電気容量 $C = 2.0\,\mathrm{\mu F}$ のコンデンサーを周波数 $60\,\mathrm{Hz}$ の交流電源に接続した．このときの容量リアクタンスを求めよ．

84 電気抵抗 $R = 2.0\,\Omega$ の抵抗，自己インダクタンス $L = 2.0 \times 10^{-3}\,\mathrm{H}$ のコイル，電気

容量 $C = 4.0 \times 10^3\,\mu\mathrm{F}$ のコンデンサーを直列に接続し，周波数 60 Hz の交流電源に接続した．このときのインピーダンス Z と位相角 ϕ を求めよ．

4.9 電磁波

85 自己インダクタンス $L = 2.5 \times 10^{-2}$ H のコイルと電気容量 $C = 40\,\mu\mathrm{F}$ のコンデンサーを接続した回路がある．問図 4.27 のように，まず，スイッチを電圧 10 V の電池側に倒してコンデンサーを充電した後，スイッチをコイル側に倒して電気振動を起こした．この回路の電気振動の最大電流 I_0 と固有角周波数 ω_0 を求めよ．

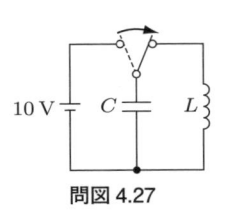

問図 4.27

86 波長 λ が 1.0 km，10 m，10 cm の電磁波の周波数 f をそれぞれ求めよ．ただし，光の速さを $c = 3.0 \times 10^8$ m/s とせよ．

87 周波数 f が 1.0 kHz，1.0 MHz，1.0 GHz の電磁波の波長 λ をそれぞれ求めよ．ただし，光の速さを $c = 3.0 \times 10^8$ m/s とせよ．

88 次の文章の空欄にあてはまる語句を答えよ．

電磁波はその波長によって分類されている．すなわち，波長が 10^{-4} m より長いときは（ ① ），$10^{-3} \sim 7.7 \times 10^{-7}$ m のときは（ ② ），$7.7 \times 10^{-7} \sim 3.8 \times 10^{-7}$ m のときは（ ③ ），$3.8 \times 10^{-7} \sim 10^{-9}$ m のときは（ ④ ），$10^{-8} \sim 10^{-11}$ m のときは（ ⑤ ），そして，10^{-10} m 以下のときは（ ⑥ ）と分類されている．

電波はさらに細かく分類されており，波長が長い方から超長波，長波，中波，短波，超短波，（ ⑦ ）と分類されている．

第5章 原子の世界

本章では，必要があれば以下の値を用いよ．
- 光速 $c = 3.00 \times 10^8$ m/s
- プランク定数 $h = 6.63 \times 10^{-34}$ J·s

5.1 電子

1 次の文章の空欄にあてはまる語句を答えよ．

　ガラス管に陰極と陽極をつけて，気体を封入したものを（ ① ）という．この極板間に高電圧をかけて気体の圧力を下げていくと放電が起こり，封入した気体に特有の色を発する．これを（ ② ）という．

　気体の圧力を 10^{-5} 気圧程度まで下げると，（ ③ ）極と向かい合う管壁が蛍光を発し，（ ④ ）極の影ができる．これは，（ ③ ）極から出た粒子が（ ④ ）極でさえぎられるためであり，この粒子の流れを（ ⑤ ）とよぶ．

　（ ⑤ ）は電界や磁界をかけると曲がる性質をもち，電界の向きと逆方向に曲がる．したがって，（ ⑤ ）は（ ⑥ ）の電荷をもつ粒子の流れであることがわかり，この粒子は（ ⑦ ）と名づけられた．

2 真空管内において，静止していた電子を電圧 V で加速した．電気素量を $e = 1.6 \times 10^{-19}$ C として，次の問いに答えよ．
  (1) $V = 1000$ V のとき，加速された電子がもつエネルギーは何 eV になるか．また，それは何 J になるか．
  (2) 電子の質量を $m = 9.1 \times 10^{-31}$ kg とすると，陰極から出た電子が陽極に達したときの運動エネルギー K と速さ v を求めよ．

3 静止していた電子を電圧 V で加速した後，垂直な方向に大きさ E の一様な電界を加えた．電子の加速方向に x 軸，電界の方向に y 軸をとり，電界中で電子の描く軌道を式で示せ．

4 問図 5.1 のような間隔 d の平行極板に V の電圧をかけて，電子を極板と平行に入射する．電子に生じる加速度の大きさと向きを求めよ．ただし，電子の質量 m，電荷 $-e$ とする．

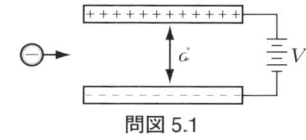

問図 5.1

5 平行極板の間に電子を置き，40 V の電圧をかけた．電子に生じる加速度の大きさは何 m/s² か．ただし，極板の間隔を 3.52 cm，電子の比電荷は $\dfrac{e}{m} = 1.76 \times 10^{11}$ C/kg とする．

6 上向きに一様な電界 E がはたらいている空間へ，微小な油滴を吹き入れたところ，油滴は正の電荷に帯電し，上昇も下降もせず静止した．油滴の質量を m，重力加速度の大きさを g としたとき，電荷の大きさ Q を求めよ．また，$E = 4.9 \times 10^4 \,\mathrm{N/C}$，$m = 4.8 \times 10^{-15}\,\mathrm{kg}$，$g = 9.8\,\mathrm{m/s^2}$ のとき，油滴のもつ電荷は，電気素量 $e = 1.6 \times 10^{-19}\,\mathrm{C}$ の何倍になるか求めよ．

5.2 原子と原子核

7 次の文章の空欄にあてはまる語句を答えよ．

ラザフォードの実験の結果，原子の中心には，符号が（ ① ）の電荷が，ごく狭い範囲に集まっていることがわかった．これを（ ② ）とよぶ．この結果，原子の質量の大部分を占める（ ② ）の周りを，（ ③ ）が電気的な引力を受けて回っているというモデルが考え出された．

8 次の文章の空欄にあてはまる語句や記号，数値を【 】の中から選べ．

原子核中にある陽子の数を（ ① ）という．電気素量を e とすると，（ ① ）が Z の原子核は（ ② ）の電荷をもち，その周りを $-e$ の電荷をもつ電子が（ ③ ）個回っている．

原子核は（ ④ ）と（ ⑤ ）から構成されており，これらをまとめて（ ⑥ ）という．（ ④ ）は（ ⑦ ）の電荷と，電子の約（ ⑧ ）倍の質量をもつ．（ ⑤ ）は電荷をもたず，質量は電子の約（ ⑨ ）倍である．

【 1836　1839　$+e$　Z　$+Ze$　$-Ze$　電子　陽子　中性子　核子　原子番号 】

9 次の文章の空欄にあてはまる語句を答えよ．

原子核を記号で表すと，$^{A}_{Z}\mathrm{X}$ のようになる．ここで，Z は（ ① ）で，原子核内に含まれる（ ② ）の個数に等しい．A は（ ③ ）で，原子核内に含まれる（ ④ ）と（ ⑤ ）の合計数，すなわち（ ⑥ ）の個数に等しい．原子の中には，（ ⑦ ）が等しく，（ ⑧ ）が異なるものが存在する．これを（ ⑨ ）という．

10 電子の質量は，陽子の質量の $\dfrac{1}{1836}$ である．電子の比電荷は陽子の比電荷の何倍になるか．

11 次の問いに答えよ．

(1) 以下に示すそれぞれの原子核の陽子数と中性子数はいくらか．

　① $^{23}_{11}\mathrm{Na}$　② $^{27}_{13}\mathrm{Al}$　③ $^{226}_{88}\mathrm{Ra}$　④ $^{235}_{92}\mathrm{U}$　⑤ $^{238}_{92}\mathrm{U}$

(2) $^{235}_{92}\mathrm{U}$，$^{238}_{92}\mathrm{U}$ のように，原子番号が等しく，質量数が異なる原子を何というか．

12 陽子，中性子の質量を原子質量単位 [u] で表せ．ただし，陽子，中性子の質量をそれぞれ $1.6726 \times 10^{-27}\,\mathrm{kg}$，$1.6749 \times 10^{-27}\,\mathrm{kg}$ とし，$1\,\mathrm{u} = 1.6605 \times 10^{-27}\,\mathrm{kg}$ とする．

5.3 原子核の崩壊と放射能

13 次の文章の空欄にあてはまる語句を答えよ.

原子核は，（ ① ）とよばれる引力によって一つにまとまっているが，原子番号が大きい原子核では陽子どうしの反発力が強く現れ，不安定になる．不安定な原子核は，（ ② ）を放出して壊れ，より安定な原子核に変化する．これを（ ③ ）という．原子核が（ ③ ）を起こす能力を（ ④ ）という．

14 次の文章の空欄にあてはまる語句，数値，記号などを答えよ.

放射性物質から出る放射線は，問図 5.2 のように電界をかけると，その進み方に3種類あることがわかる．（ア）の方向に進むものは（ ① ），（イ）の方向に進むものは（ ② ），（ウ）の方向に進むものは（ ③ ）と名づけられている．（ ④ ）は高速の電子の流れ，（ ⑤ ）はヘリウム原子核の流れである．

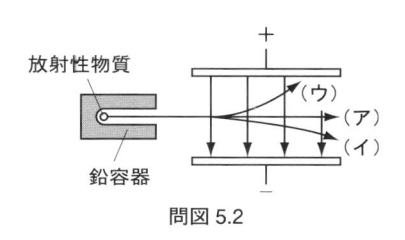

問図 5.2

15 放射性元素から出る放射線に，電界，磁界をかけたところ，問図 5.3 のようになった．α線，β線，γ線に相当する進み方を，それぞれ（ア）〜（カ）から選べ．

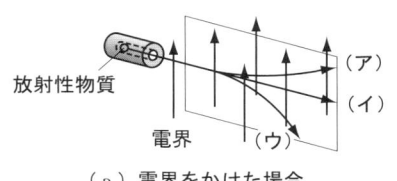

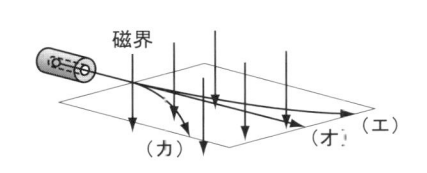

問図 5.3

16 半減期 1.4×10^{10} 年をもつトリウム 232（$^{232}_{90}\text{Th}$）の原子核が崩壊して，初めの原子核数の 4 分の 1 になるには何年かかるか．

17 次の文章の空欄にあてはまるものを下の（ア）〜（カ）から選べ．また，この年代推定法を何というか.

大気圏外から地球大気中に突入した宇宙線は，大気中で大量の中性子を生成する．これらの中性子は（　　）と核反応を起こして陽子 1 個を放出し，炭素の放射性同位体 $^{14}_{6}\text{C}$ を作る．これは，大気中につねに一定の割合で存在するので，植物中に含まれる割合を調べることで，その植物がいつ枯れたり伐採されたりしたかを推定できる．

（ア）$^{14}_{7}\text{N}$　（イ）$^{16}_{8}\text{O}$　（ウ）$^{40}_{18}\text{Ar}$　（エ）$^{13}_{7}\text{N}$　（オ）$^{17}_{8}\text{O}$　（カ）$^{37}_{18}\text{Ar}$

18 次の文章の空欄にあてはまる語句を答えよ.

一般に，原子核の質量は，それを構成する核子の質量の和よりわずかに小さい．これを

（　①　）という．アインシュタインによると，質量とエネルギーは等価であり，核力に逆らって核子をばらばらにするには，（　①　）と等しいエネルギーを加える必要がある．このエネルギーを（　②　）という．

質量数が 60 付近の原子核がもっとも（　②　）が高く安定であるので，それより質量数の大きな原子核が二つに分裂すると，分裂前後の（　②　）の差に等しいエネルギーが放出される．これを（　③　）という．逆に，質量数が小さい原子核は，融合して一つになるとエネルギーが放出される．これを（　④　）という．

19 $1\,\mathrm{u} = 1.66 \times 10^{-27}\,\mathrm{kg}$ の質量は何 J のエネルギーに相当するか．

20 陽子，中性子，重水素 $^2_1\mathrm{H}$ の質量は，それぞれ，$1.00728\,\mathrm{u}$，$1.00866\,\mathrm{u}$，$2.01355\,\mathrm{u}$ である．次の問いに答えよ．
(1) $^2_1\mathrm{H}$ の質量欠損 Δm は何 u か．
(2) $^2_1\mathrm{H}$ の結合エネルギー ΔE は何 J か．ただし，1 u の質量は $1.49 \times 10^{-10}\,\mathrm{J}$ のエネルギーに相当する．有効数字 3 桁で答えよ．

21 x，y にあてはまる数字を答えて，次の核反応式を完成させよ．
(1) $^{14}_{7}\mathrm{N} + ^{4}_{2}\mathrm{He} \to ^{x}_{y}\mathrm{O} + ^{1}_{1}\mathrm{H}$　　(2) $^{9}_{4}\mathrm{Be} + ^{4}_{2}\mathrm{He} \to ^{x}_{y}\mathrm{C} + ^{1}_{0}\mathrm{n}$

5.4 波動性と粒子性

22 問図 5.4 に示す装置は，光電効果を調べるのに用いられる．電極 PK 間に電圧 V をかけ，金属電極 K に光を照射する．次の問いに答えよ．ただし，光の速さを c，プランク定数を h，電子の質量を m，電子の電荷を $-e$ とする．**チャレンジ**

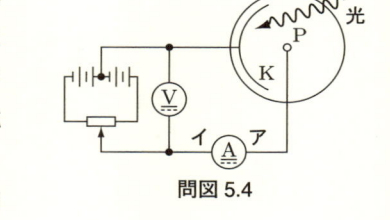

(1) 光電効果が起きたときに電流計に流れる電流の向きは，ア→イ，イ→アのどちらか．
(2) 電圧 V を徐々に上げながら電流計の値 I を調べたところ，ある電圧以上では $I = I_0$ で一定となった．このとき，単位時間あたりに電極 K で発生した光電子の個数 n を求めよ．
(3) 電極 K にさまざまな波長の光を入射したところ，波長 λ_0 より短い波長の光では，電極から光電子が飛び出し，光電効果が起きた．一方，波長 λ_0 より長い波長の光では，光電効果はみられなかった．電極 K の金属の仕事関数 W はいくらか．
(4) λ_0 より波長の短い λ の光を電極 K へ入射したとき，金属板から飛び出す電子の運動エネルギーの最大値はいくらか．
(5) 波長 λ（$< \lambda_0$）の光を電極 K へ入射し，V を徐々に下げながら電流計の値 I を調べたところ，電位差 V_0 で $I = 0$ となった．V_0 を，λ，λ_0，h，c，e を用いて表せ．ま

た，このとき，電極 P と K ではどちらの電位が高いか．

23 亜鉛の仕事関数 W は $4.30\,\text{eV}$ である．亜鉛の表面に光を当てたとき，光電効果が起きる限界波長は何 nm か．$1\,\text{eV} = 1.60 \times 10^{-19}\,\text{J}$ とする．

24 問図 5.5 のように，電子に電圧 V をかけて加速し，結晶の格子面に対して垂直に入射したところ，反射した電子どうしが干渉した．次の問いに答えよ．ただし，電子の質量を m，電子の電荷を $-e$，プランク定数を h とし，ブラッグの条件を $n = 1$ とする．

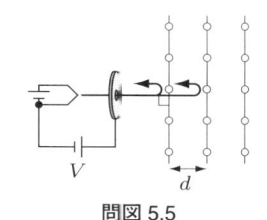

問図 5.5

(1) 電圧 V で電子を加速したときの速さ v を求めよ．
(2) ド・ブロイ波長の式を用いて，電子波の波長 λ を求めよ．
(3) 結晶の格子面の間隔 d を V を使って表せ．

25 問図 5.6 のように，波長 $9.0 \times 10^{-11}\,\text{m}$ の X 線を，結晶格子面となす角 $\theta = 15°$ で入射したところ，反射 X 線どうしが強め合う様子が観測された．次の問いに答えよ．ただし，$\sin 15° = 0.25$ とする．

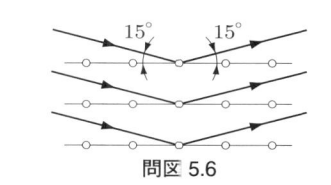

問図 5.6

(1) ブラッグの条件の次数 $n = 1$ とすると，結晶格子面の間隔 d はいくらか．
(2) この結晶格子面で $n = 2$ の反射が起こるときの角度はいくらか．

26 波長 $3.0 \times 10^{-7}\,\text{m}$ の光子 1 個のエネルギーと運動量の大きさを求めよ．

27 真空中において，波長 λ の X 線を静止していた電子に入射したところ，電子は入射方向と同じ向きに速さ v ではね飛ばされ，X 線は波長 λ' となって入射方向と逆向きにはね返された．このとき成り立つ法則と，それぞれの関係式を求めよ．ただし，電子の質量を m，光速を c，プランク定数を h とする．

28 問図 5.7 に示すように，真空中に静止していた電子に波長 λ の X 線光子を入射した．衝突後，電子は速さ v で入射方向となす角 θ で飛ばされ，X 線光子は入射方向と $60°$ をなす方向に波長 $\lambda'\,[\text{m}]$ となって散乱した．次の問いに答えよ．ただし，電子の質量を m，光速を c，プランク定数を h とする．**チャレンジ**

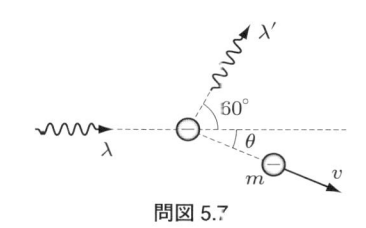

問図 5.7

(1) 入射方向における運動量保存の式を求めよ．
(2) 垂直方向における運動量保存の式を求めよ．
(3) エネルギー保存の式を求めよ．
(4) 波長の差 $\Delta\lambda = \lambda' - \lambda$ の値を求めよ．なお，$(\lambda' - \lambda)^2$ は無視できるとし，三角関数の公式 $\sin^2\theta + \cos^2\theta = 1$ を用いよ．

29 加速電圧 V で加速した電子に,進行方向に対して直角方向から波長 λ の光を当てたときの,光子による電子の散乱を考える.電子はある運動量をもつ光子を1個吸収し,次に,波長 λ' の光子を1個反対向きに放出した.つまり,電子が光子を反射したとする.プランク定数を h,電子の質量を m,電気素量を e とする.
(1) 加速後の電子の運動量の大きさはいくらか.
(2) 電子の散乱角を θ とすると,$\tan\theta$ はいくらか.

30 次の①〜④の現象のうち,粒子に特有の性質を示すものを選べ.
① 光電効果 ② ラウエ斑点 ③ ブラッグの条件 ④ コンプトン効果

31 次の文章の空欄にあてはまる語句を答えよ.
　ド・ブロイは,それまで波動と考えられていた光や電磁波が粒子としての性質を示すことから,粒子も波動としての性質を示すと考えた.この波動を(①)という.これは,加速した電子を結晶に当てると,ラウエ斑点のような(②)が得られることから確かめられる.電子によるこの波動を(③)といい,電子顕微鏡などで利用されている.

32 600 V で加速された電子の物質波の波長はいくらか.ただし,電子の質量を $m = 9.1 \times 10^{-31}$ kg,$1 \text{ eV} = 1.6 \times 10^{-19}$ J とする.

5.5 原子の構造

33 水素原子の発光スペクトルにおいて,バルマー系列の $n = 3$ に対応する光の波長はいくらか.リュードベリ定数を $R = 1.1 \times 10^7$ m^{-1} とする.

34 次の文章の空欄にあてはまる語句や数式を答えよ.
　水素原子では,原子核の周りを1個の電子が円運動していると考えることができる.電子は粒子であると同時に(①)とみなすこともできるので,電子が(②)を保って軌道運動を続けるためには,円軌道の(③)が(④)の整数倍に等しくなって,円軌道上で定常波を作らなければならない.この条件を(⑤)という.このように,電子はとびとびの軌道をとり,エネルギーの大きい軌道からエネルギーの小さい軌道に移るときには(⑥)を放出する.その振動数を ν,二つの軌道のエネルギー差を ΔE,プランク定数を h とすれば,(⑦)の関係がある.

35 ボーアの原子模型で,電子波が円軌道上で定常波を作らなければならないという条件から,量子条件を導け.電子の質量を m,円軌道の半径を r,速さを v,プランク定数を h とする.

36 水素原子内で,電子が -2.42×10^{-19} J のエネルギー準位から,-5.45×10^{-19} J のエネルギー準位に移った.このとき放出される光子がもつエネルギーはいくらか.また,この光子の振動数と波長を求めよ.

37 水素原子の原子モデルについて,質量 m,電荷 $-e$ の電子が原子核の周りを半径 r,速

さ v で円運動していると仮定して，次の問いに答えよ．クーロンの法則の比例定数を k とする．

(1) 電子にはたらくクーロン力が円運動の向心力と等しいという関係を用いて，電子がもつ全エネルギー E を r で表せ．無限遠方を位置エネルギーの基準とする．

(2) 同じく，電子にはたらくクーロン力が円運動の向心力と等しいという関係を用いて，電子のド・ブロイ波長 λ を r で表せ．プランク定数を h とする．

(3) 円軌道の一周の長さが，電子のド・ブロイ波長 λ の n 倍（n：整数）に等しいとおき，(1)，(2) の結果を用いて，電子がもつ全エネルギーを求めよ．

38 水素原子のエネルギー準位は $-\dfrac{13.6}{n^2}$ [eV] で表される．次の問いに答えよ．$1\,\mathrm{eV} = 1.6\times 10^{-19}$ J とする．

(1) $n=2$ のエネルギー準位から，基底状態に移るとき，放出される光子のエネルギーは何 J か．

(2) 基底状態の水素原子をイオン化するのに必要な最低のエネルギーを求めよ．また，電磁波を照射してイオン化するには，何 nm 以下の波長の電磁波が必要か．

39 フランク-ヘルツの実験装置を問図 5.8 (a) に示す．低圧の水銀蒸気で満たされた真空管内にある陽極 P の電位は，金網 G より少しだけ低い状態にある．陰極 K から放出された電子は，KG 間の電界によって加速され，管内の水銀の原子と衝突しながら G に到達する．KG 間の電圧 V を大きくしていくと，問図 (b) のように，電流計を流れる電流 I が 4.9 V ごとに急激に低下した．次の問いに答えよ．ただし，電気素量 $e = 1.6\times 10^{-19}$ C とする．

(1) 電流が 4.9 V ごとに低下する理由を答えよ．

(2) 水銀蒸気の吸収スペクトルの波長が 253.7 nm のとき，プランク定数 h を求めよ．

(3) 真空管内に封入する蒸気を水銀からナトリウムに変えて実験を行ったとき，電流 I は何 V ごとに減少するか．(2) で求めたプランク定数 h の値を用いよ．ナトリウム原子の吸収スペクトルの波長 $\lambda = 590$ nm とする．

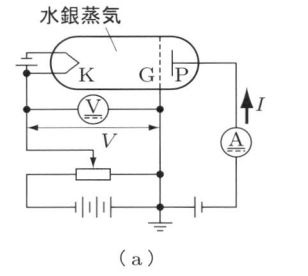

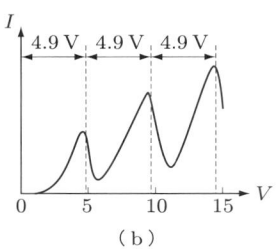

問図 5.8

40 高真空にした放電管内に陰極と金属陽極を封入し,高電圧をかけて加速した電子を陽極の金属に衝突させると,X線が発生する. 次の問いに答えよ. ただし,電極間の電圧を V,電気素量を e,プランク定数を h,光速を c とする.
(1) 加速された電子が得る運動エネルギーを求めよ.
(2) 陽極との衝突により,電子がもつ運動エネルギーの一部が電磁波であるX線として放出される. 放出されたX線の最短波長を求めよ.
(3) 発生したX線には,陽極の金属の種類によって決まる特定の波長をもつ,強度の強いX線が含まれる. これを何というか. また,その発生原因は何か.

5.6 素粒子

41 陽子や中性子は複数のクォークから構成されている. 陽子は $+e$ の電荷をもち,u(アップ)クォーク2個とd(ダウン)クォーク1個からできている. 中性子は電荷をもたず,uクォーク1個とdクォーク2個からできている. 電気素量を e とすると,uクォークとdクォークの電荷はそれぞれいくらになるか. また,正負いずれの電荷をもつことになるか.

42 陽子や中性子といった核子は3個のクォークから成り立ち,それぞれ,uud や udd と表すことができる. 一方,π^+ 中間子や π^- 中間子は2個のクォークからできている. uクォークとdクォークの反クォークは,$\bar{u}$,$\bar{d}$ で表し,電荷の符号は逆になる. π^+ 中間子や π^- 中間子を u, d, $\bar{u}$, $\bar{d}$ で表せ.

43 以下に示すクォークで構成された粒子の電荷は,電気素量 e のそれぞれ何倍となるか.
(1) uud   (2) uuc   (3) $\bar{u}\bar{u}\bar{d}$

解答

第1章 力と運動

1 ① 速さ ② 速度 ③ 平均の速度 ④ $\dfrac{x_2 - x_1}{t_2 - t_1}$

2 $\dfrac{54 \times 10^3 \text{ m}}{3600 \text{ s}} = \boxed{15 \text{ m/s}}$ となる。5分間に進む距離は, $15 \text{ m/s} \times (5 \times 60 \text{ s}) = 4.5 \times 10^3 \text{ m} = \boxed{4.5 \text{ km}}$ となる。

3 (1) $60 \text{ m/min} = \dfrac{60 \times 10^2 \text{ cm}}{60 \text{ s}} = \boxed{100 \text{ cm/s}}$

(2) $1.2 \text{ km/h} = \dfrac{1.2 \times 10^3 \text{ m}}{60 \text{ min}} = \boxed{20 \text{ m/min}}$

(3) $10 \text{ cm/s} = \dfrac{10 \times 10^{-2} \text{ m}}{\dfrac{1}{3600} \text{ h}} = \boxed{360 \text{ m/h}}$

4 (1) 次のようになる。

時間 t [s]	0	0.5	1.0	1.5	2.0	2.5
距離 s [m]	0	0.25	1.00	2.25	4.00	6.25

(2) 次のようになる。

時間 t [s]	0〜0.5	0.5〜1.0	1.0〜1.5	1.5〜2.0	2.0〜2.5
速度 v [m/s]	0.5	1.5	2.5	3.5	4.5

(3) 解図 1.1 のようになる。

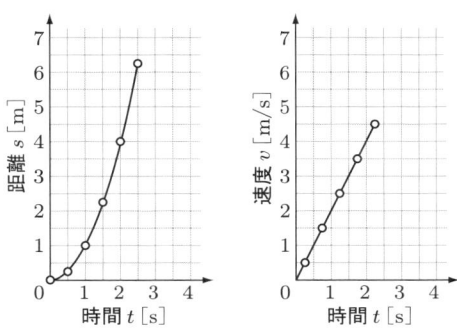

解図 1.1

5 ① 加速度 ② $\dfrac{v_2 - v_1}{t_2 - t_1}$ ③ 負

6 出発から到着までの走行距離は,

$$40\,\mathrm{km/h} \times \left(\frac{30}{60}\right)\mathrm{h} + 100\,\mathrm{km/h} \times \left(\frac{60+15}{60}\right)\mathrm{h} + 60\,\mathrm{km/h} \times \left(\frac{45}{60}\right)\mathrm{h}$$

$$= 190\,\mathrm{km}$$

となる．かかった時間は，$\dfrac{30+(60+15)+45}{60}\mathrm{h} = 2.5\,\mathrm{h}$ であるから，平均の速さは $190\,\mathrm{km} \div 2.5\,\mathrm{h} = \boxed{76\,\mathrm{km/h}}$ となる．

7 たとえば，0 秒から 0.5 秒の間に動いた距離は $0.50\,\mathrm{m/s} \times 0.5\,\mathrm{s} = 0.25\,\mathrm{m}$ である．0.5 秒から 1.0 秒の間に動いた距離なら $1.5\,\mathrm{m/s} \times 0.5\,\mathrm{s} = 0.75\,\mathrm{m}$ である．同様にして，次の表が得られる．

時間 t [s]	0〜0.5	0.5〜1.0	1.0〜1.5	1.5〜2.0	2.0〜2.5	2.5〜3.0
速度 v [m/s]	0.50	1.50	2.50	3.50	4.50	5.50
距離 Δs [m]	0.25	0.75	1.25	1.75	2.25	2.75

たとえば，1 秒までに動いた距離は，0 秒から 0.5 秒の間に動いた距離 0.25 m と 0.5 秒から 1.0 秒の間に動いた距離 0.75 m の和である．同様にして，次の表が得られる．

時間 t [s]	0	0.5	1.0	1.5	2.0	2.5	3.0
距離 s [m]	0	0.25	1.00	2.25	4.00	6.25	9.00

8 ① $\boxed{\text{等加速度直線運動}}$ ② $\boxed{\dfrac{1}{2}at^2}$ ③ $\boxed{at}$

9 加速度と経過時間の積だけ，速度が増える．
(1) $v = 2\,\mathrm{m/s} + 1\,\mathrm{m/s^2} \times 2\,\mathrm{s} = \boxed{4\,\mathrm{m/s}}$
(2) $v = -2\,\mathrm{m/s} + 1\,\mathrm{m/s^2} \times 2\,\mathrm{s} = \boxed{0\,\mathrm{m/s}}$
(3) $v = 2\,\mathrm{m/s} + (-1\,\mathrm{m/s^2}) \times 2\,\mathrm{s} = \boxed{0\,\mathrm{m/s}}$
(4) $v = -2\,\mathrm{m/s} + (-1\,\mathrm{m/s^2}) \times 2\,\mathrm{s} = \boxed{-4\,\mathrm{m/s}}$

10 平均の加速度は，速度の変化を時間で割れば求められる．
(1) $a = \dfrac{15\,\mathrm{m/s} - 5\,\mathrm{m/s}}{5\,\mathrm{s}} = \boxed{2\,\mathrm{m/s^2}}$ (2) $a = \dfrac{15\,\mathrm{m/s} - (-5\,\mathrm{m/s})}{5\,\mathrm{s}} = \boxed{4\,\mathrm{m/s^2}}$

(3) $a = \dfrac{-15\,\mathrm{m/s} - 5\,\mathrm{m/s}}{5\,\mathrm{s}} = \boxed{-4\,\mathrm{m/s^2}}$

(4) $a = \dfrac{-15\,\mathrm{m/s} - (-5\,\mathrm{m/s})}{5\,\mathrm{s}} = \boxed{-2\,\mathrm{m/s^2}}$

11 速度のグラフは，解図 1.2（a）のようになる．動いた距離は速度のグラフと時間軸の間の面積になる．t [s] までに動いた距離は，図に示した三角形の面積になり，次のようになる．

$$s = \frac{1}{2} t \cdot 2t = \frac{2}{2} t^2 = t^2$$

グラフは解図（b）のようになる．

12 等加速度直線運動の式に代入して，次のようになる．

$$v = v_0 + at = 3.0 \,\text{m/s} + 4.0 \,\text{m/s}^2 \times 10 \,\text{s} = \boxed{43 \,\text{m/s}}$$

$$s = v_0 t + \frac{1}{2} a t^2$$
$$= 3.0 \,\text{m/s} \times 10 \,\text{s} + \frac{1}{2} \times 4.0 \,\text{m/s}^2 \times (10 \,\text{s})^2 = 230 \,\text{m} = \boxed{2.3 \times 10^2 \,\text{m}}$$

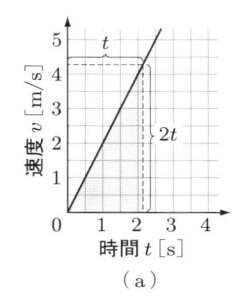

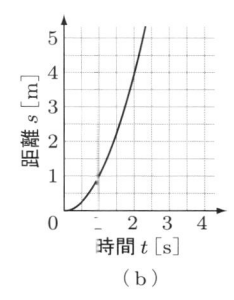

解図 1.2

13 速度のグラフは解図 1.3（a）のようになる．この図を利用して計算する．

(1) 三角形の面積を求めて，次のようになる．

$$1 \text{秒までに動いた距離} = \frac{1}{2} \times 2 \,\text{m/s} \times 1 \,\text{s} = \boxed{1 \,\text{m}}$$

(2) 長方形の面積を求めて，次のようになる．

$$1 \text{秒から} 2.5 \text{秒までに動いた距離} = 2 \,\text{m/s} \times (2.5 - 1) \,\text{s} = \boxed{3 \,\text{m}}$$

(3) 三角形の面積を求めて，次のようになる．

$$2.5 \text{秒から} 4 \text{秒までに動いた距離} = \frac{1}{2} \times 2 \,\text{m/s} \times (4 - 2.5) \,\text{s} = \boxed{1.5 \,\text{m}}$$

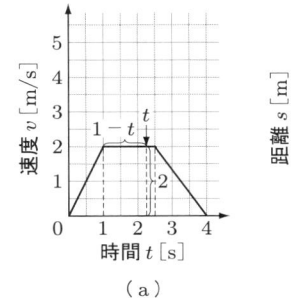

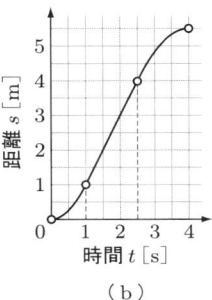

解図 1.3

(4) たとえば，2.5 秒までに動いた距離は，0 秒から 1 秒までに動いた距離 1 m と 1 秒から 2.5 秒までに動いた距離 3 m の和であり，4 m になる．各点の距離をプロットすると，解図（b）のようになる．

(5) 動いた距離は速度のグラフの三角形の面積だから，次のようになる．

$$s = \frac{1}{2} \times t \times 2t = \boxed{t^2}$$

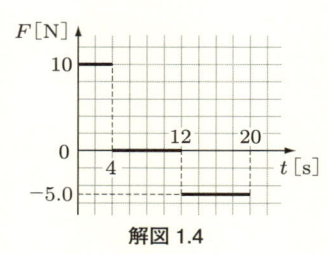

(6) 0秒から1秒までに動いた距離と，1秒からt秒までに動いた距離の和をとる．
$$s = 1 + 2(t-1) = 2t-1$$

14 求める力の大きさをFとすると，運動方程式$ma = F$より，$F = 1.0\text{ kg} \times 3.0\text{ m/s}^2 = 3.0\text{ N}$ となる．また，この物体に大きさ5.0 Nの力を作用させたとき生じる加速度の大きさをaとすると，運動方程式は，$1.0\text{ kg} \times a = 5.0\text{ N}$である．よって，$a = 5.0\text{ m/s}^2$となる．

15 右向きを正の向きとする．力を受けている間に物体に生じる加速度をaとすると，運動方程式は$-10\text{ N} = 2.0\text{ kg} \times a$となる．よって，$a = -5.0\text{ m/s}^2$，すなわち左向きに$5.0\text{ m/s}^2$の加速度を生じる．力を作用させるのをやめた後は力を受けないので，加速度は生じず，速度の変化もない．
(1) 2.0秒後の速度は，$v = 25\text{ m/s} - 5.0\text{ m/s}^2 \times 2.0\text{ s} = 15\text{ m/s}$ となる．したがって，右向きに15 m/sで等速直線運動をする．
(2) 5.0秒後の速度は，$v = 25\text{ m/s} - 5.0\text{ m/s}^2 \times 5.0\text{ s} = 0\text{ m/s}$ となる．したがって，物体は静止したままとなる．
(3) 8.0秒後の速度は，$v = 25\text{ m/s} - 5.0\text{ m/s}^2 \times 8.0\text{ s} = -15\text{ m/s}$ となる．したがって，左向きに15 m/sで等速直線運動をする．

16 v-tグラフの傾きが加速度aである．0秒から4秒では，$a = \dfrac{20\text{ m/s} - 0\text{ m/s}}{4\text{ s}} = 5.0\text{ m/s}^2$である．よって，物体に作用する力は$F = 2.0\text{ kg} \times 5.0\text{ m/s}^2 = 10\text{ N}$である．4秒から12秒では，一定の速度なので，$a = 0\text{ m/s}^2$である．よって，$F = 0\text{ N}$である．12秒から20秒では，$a = \dfrac{0\text{ m/s} - 20\text{ m/s}}{20\text{ s} - 12\text{ s}} = -2.5\text{ m/s}^2$なので，$F = 2.0\text{ kg} \times (-2.5\text{ m/s}^2) = -5.0\text{ N}$ となる．したがって，F-tグラフは解図1.4のようになる．

解図1.4

17 作用・反作用の法則から，受ける力の大きさは，大人も子供も30 Nである．大人と子供の加速度の大きさをa_1，a_2として，運動方程式を立てると，それぞれ$70\text{ kg} \times a_1 = 30\text{ N}$，$30\text{ kg} \times a_2 = 30\text{ N}$となり，$a_1 ≒ 0.43\text{ m/s}^2$，$a_2 = 1.0\text{ m/s}^2$となる．

18 地球の質量をM，万有引力定数をGとすると，地球と物体との間にはたらく万有引力の大きさは$G\dfrac{Mm}{(R+h)^2}$であり，これが重力に相当する．地表での重力加速度の大きさはgであるので，地表にある質量mの物体にはたらく重力mgは万有引力$G\dfrac{Mm}{R^2}$に等しい．$mg = G\dfrac{Mm}{R^2}$より，$GM = gR^2$である．これを$G\dfrac{Mm}{(R+h)^2}$に代入して，

地表から高さ h にある質量 m の物体が受ける重力の大きさは，$\dfrac{R^2}{(R+h)^2}mg$ となる．

19 (1) F_1：物体 B が地球から受ける力（重力），F_2：物体 B が物体 A から受ける力，F_3：物体 A が物体 B から受ける力，F_4：物体 A が地球から受ける力（重力），F_5：物体 A が床から受ける力，F_6：床が物体 A から受ける力

(2) 作用・反作用は二つの物体間での力関係であり，つり合いは一つの物体が受ける力関係である．

作用・反作用：F_2 と F_3，F_5 と F_6．つり合い：F_1 と F_2，$F_3 + F_4$ と F_5

(3) F_1：重力は質量と重力加速度の積なので，$5.0\,\text{kg} \times 10\,\text{m/s}^2 = 50\,\text{N}$ となる．

F_2：F_1 とつり合いの関係にあるので，$F_1 - F_2 = 0$ である．これより，力の大きさは F_1 と等しく $50\,\text{N}$ となる．

F_3：F_2 と作用・反作用の関係にあるので，力の大きさは F_2 と等しく $50\,\text{N}$ となる．

F_4：$10\,\text{kg} \times 10\,\text{m/s}^2 = 1.0 \times 10^2\,\text{N}$

F_5：物体 A が受ける力のつり合いは $F_5 - F_4 - F_3 = 0$ である．よって，$F_5 = F_4 + F_3 = 1.5 \times 10^2\,\text{N}$ となる．

F_6：F_5 と作用・反作用の関係にあるので，力の大きさは F_5 と等しく $150\,\text{N}$ となる．

20 (1) 解図 1.5 のようになる．

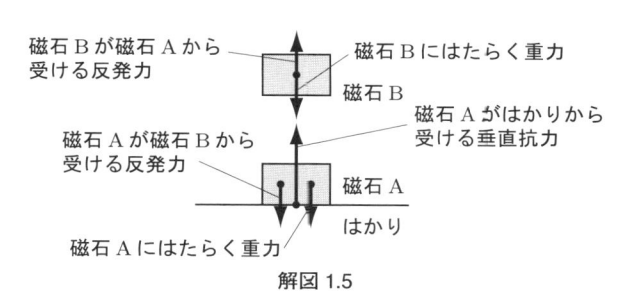

(2) はかりに載っている磁石 A に着目する．A がはかりから受ける垂直抗力は，A にはたらいている重力 W と，A が B から受けている反発力 F の合力とつり合っている（磁石 B にも同様に重力 W がはたらいている）．$W = 1.0\,\text{kg} \times 9.8\,\text{m/s}^2 = 9.8\,\text{N}$ と $F = 9.8\,\text{N}$ より，はかりには $19.6\,\text{N}$ の力がはたらいているので，$2.0\,\text{kg}$ の目盛りを指す．

解図 1.5

21 (1) 解図 1.6 のように，人がロープを大きさ T の力で引っ張ると，作用・反作用の法則から，人はロープから逆向きに大きさ T の力を受ける．人と台を一つの物体と考えると，ロープからの張力 $2T$ と床からの垂直抗力 N が上向きに，人と台に作用する重力 $(m+M)g$ が下向きにはたらいており，これらの力がつり合っている．すなわち，$2T + N - (m+M)g = 0$ である．よって，$N = (m+M)g - 2T$ である．

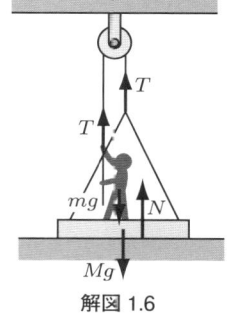

解図 1.6

(2) 台が床から離れるとき，垂直抗力はゼロになる．(1)の結果より，$0 = (m+M)g - 2T$ である．すなわち，$T = \dfrac{(m+M)g}{2}$ となり，$\boxed{\dfrac{(m+M)g}{2}}$ より大きい力でロープを引っ張ると台は浮く．

22 フックの法則 $F = -kx$ を用いる．ばねを伸ばす向きとばねに作用させる力の向きがわかっているので，ばねの伸びた長さと力の大きさを考えればよい．$F = kx$ より，$F = kx = 8.0\,\text{N/m} \times 0.15\,\text{m} = \boxed{1.2\,\text{N}}$ の力で引っ張ればよい．同様に，このばねを $2.0\,\text{N}$ の力で引っ張ったときの伸びは，$x = \dfrac{F}{k} = \dfrac{2.0\,\text{N}}{8.0\,\text{N/m}} = \boxed{0.25\,\text{m}}$ となる．

23 (1) ばねはおもりにはたらく重力と同じ大きさの力で引っ張られている．重力の大きさは $2.0\,\text{kg} \times 10\,\text{m/s}^2 = 20\,\text{N}$ である．ばねの伸びを x とすると，フックの法則から $20\,\text{N} = 5.0\,\text{N/m} \times x$ となる．よって，ばねの伸び $x = \boxed{4.0\,\text{m}}$ である．
(2) ばねが両端で受ける力は大きさが同じ（$20\,\text{N}$）で逆向きなので，つり合いの状態にある．すなわち，(1)の状態と同じで，ばねの伸びは $\boxed{4.0\,\text{m}}$ である．

24 ばね定数を k，自然長を L_0 とする．質量 m_1, m_2 のおもりをつるしたときのばねの伸びは，それぞれ $L_1 - L_0$, $L_2 - L_0$ である．おもりにはたらく重力とばねの弾性力のつり合いから，次の2式が成り立つ．
$$k(L_1 - L_0) = m_1 g, \quad k(L_2 - L_0) = m_2 g$$
辺々引いて，
$$k(L_1 - L_2) = (m_1 - m_2)g$$
より，ばね定数 $k = \boxed{\dfrac{m_1 - m_2}{L_1 - L_2} g}$ となる．自然長 L_0 は，次のようになる．
$$L_0 = L_1 - \dfrac{m_1 g}{k} = L_2 - \dfrac{m_2 g}{k} = \boxed{\dfrac{m_1 L_2 - m_2 L_1}{m_1 - m_2}}$$

25 解図1.7のように，ばね A に作用している力を F とすると，2本のばね B に作用している力は，それぞれ $\dfrac{F}{2}$ となる．ばね A の伸びを x_A，ばね B の伸びを x_B とすると，フックの法則から $F = k_A x_A$，$\dfrac{F}{2} = k_B x_B$ となる．ばねの伸びは $L - 2L_0$ であるので，$x_A + x_B = L - 2L_0$ であるから，$\dfrac{F}{k_A} + \dfrac{F}{2k_B} = L - 2L_0$ である．これより，$F = \dfrac{2k_A k_B}{k_A + 2k_B} \times (L - 2L_0)$ となる．力 F を作用させたとき，ばね全体の伸びが $L - 2L_0$ となるので，ばね定数は，$\boxed{\dfrac{2k_A k_B}{k_A + 2k_B}}$ である．また，$x_B = \dfrac{F}{2k_B}$ であるので，$F = $

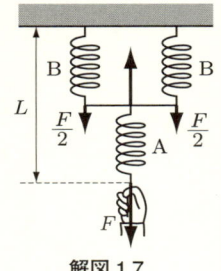

解図1.7

$\dfrac{2k_A k_B}{k_A + 2k_B}(L - 2L_0)$ を代入して，$x_B = \dfrac{k_A}{k_A + 2k_B}(L - 2L_0)$ となる．

26 (1) 解図 1.8 のように，この状況ではおもりにはたらく重力 W とばねの弾性力 F と垂直抗力 N がつり合っている．これらの力のつり合いは，$F + N - W = 0$ である．これより，垂直抗力 N は $N = W - F$ と表せる．$W = 0.50\,\text{kg} \times 10\,\text{m/s}^2 = 5.0\,\text{N}$，$F = 5.0\,\text{N/m} \times 0.50\,\text{m} = 2.5\,\text{N}$ より，$N = \underline{2.5\,\text{N}}$ である．

(2) 垂直抗力 N がゼロになったときに，おもりは床から離れる．よって，$0 = W - F$ より，$W = F$ である．フックの法則 $F = kx$ より，$5.0\,\text{N} = 5.0\,\text{N/m} \times x$ から，$x = \underline{1.0\,\text{m}}$ となる．

解図 1.8

27 物体にはたらく力は，解図 1.9 に示すとおりである．垂直抗力の大きさ N と静止摩擦力の大きさ f は，次のようになる．

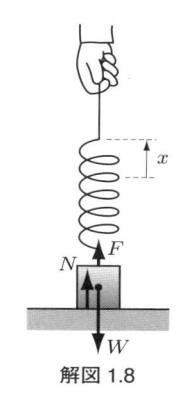

$$N = \underline{mg + F_1},\quad f = \underline{F_0}$$

静止し続けるためには $f = F_0$ が必要である．そして，静止摩擦力は最大静止摩擦力 $f_{\max}$ より小さい．つまり，$f \leq f_{\max} = \mu N = \mu(mg + F_1)$ である．結局，$F_0 \leq \underline{\mu(mg + F_1)}$ である必要がある．

解図 1.9

28 解図 1.10 において，右向きを正の向きとして考える．物体 A と物体 B は糸でつながれているので一体となって運動する．物体 A，B に生じる加速度 a は同じである．物体 A に着目すると，作用している力は張力 T（右向き）のみであり，運動方程式 $ma = F$ より $1.0\,\text{kg} \times a = T$ となる．一方，物体 B は，右向きに $10\,\text{N}$ の力を受け，さらに左向きに張力 T がはたらいている．これから，物体 B の運動方程式は，$4.0\,\text{kg} \times a = 10\,\text{N} - T$ である．物体 A，B の運動方程式を a と T の連立方程式として求めると，$a = \underline{2.0\,\text{m/s}^2}$，$T = \underline{2.0\,\text{N}}$ となる．

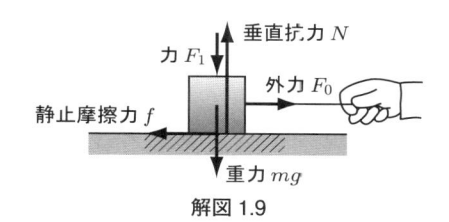

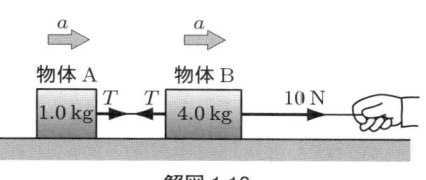

解図 1.10

29 物体 1 を引っ張る向きを正の向きとする．三つの物体は糸で結ばれているため，同じ加速度 a で動く．その結果，それぞれの物体に対する運動方程式は次のようになる．

$$\text{物体 1}: m_1 a = F_0 - f_{12} \quad \cdots \text{①}$$
$$\text{物体 2}: m_2 a = f_{12} - f_{23} \quad \cdots \text{②}$$
$$\text{物体 3}: m_3 a = f_{23} \quad \cdots \text{③}$$

連立方程式を解き，次のようになる．

式①+式②+式③： $(m_3 + m_2 + m_1)a = F_0 \rightarrow a = \dfrac{F_0}{m_3 + m_2 + m_1}$ …④

式③に式④を代入： $f_{23} = \dfrac{m_3 F_0}{m_3 + m_2 + m_1}$

式①に式④を代入： $f_{12} = F_0 - \dfrac{m_1 F_0}{m_3 + m_2 + m_1} = \dfrac{(m_3 + m_2)F_0}{m_3 + m_2 + m_1}$

30 物体1を引っ張る向きを正の向きとし，物体1，2の加速度を a，ばねの弾性力の大きさを f とする．物体1，2にはたらく力は，解図1.11のようになる．
物体1の運動方程式は，
$F - f = m_1 a$ …①
物体2の運動方程式は，
$f = m_2 a$ …②
である．また，フックの法則より，
$f = kx$ …③
である．式①，②より，

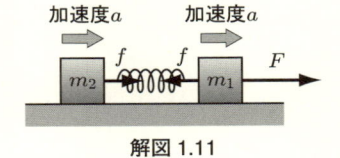

$F - m_2 a = m_1 a \quad \therefore a = \dfrac{F}{m_1 + m_2}$

となる．これと式②，③より，次のようになる．

$kx = m_2 a \quad \therefore x = \dfrac{m_2 a}{k} = \dfrac{m_2 F}{k(m_1 + m_2)}$

解図1.11

31 解図1.12のように，三つの物体は糸で結ばれているため，同じ大きさの加速度で動く．その加速度の大きさを a とする．また，物体1，2間の糸が物体1を引く力と糸が物体2を引く力は同じ大きさ（f_{12}）で向きが逆である．そして，物体2，3間の糸が物体2を引く力と糸が物体3を引く力は同じ大きさ（f_{23}）である．その結果，それぞれの物体に対する運動方程式は，動く向きを正の向きとして次のようになる．

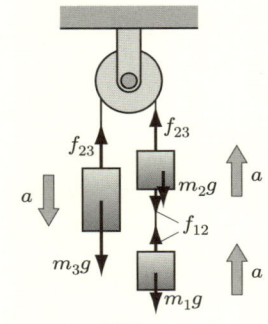

物体1：$m_1 a = f_{12} - m_1 g$ …①
物体2：$m_2 a = f_{23} - f_{12} - m_2 g$ …②
物体3：$m_3 a = m_3 g - f_{23}$ …③

解図1.12

連立方程式を解き，次のようになる．

式①+式②+式③： $(m_1 + m_2 + m_3)a = (m_3 - m_2 - m_1)g$

$$\rightarrow a = \frac{(m_3 - m_2 - m_1)g}{m_3 + m_2 + m_1}$$

等加速度直線運動の式を使って，次式が得られる．

$$v = \frac{(m_3 - m_2 - m_1)g}{m_3 + m_2 + m_1} t$$

$$s = \frac{1}{2} \frac{(m_3 - m_2 - m_1)g}{m_3 + m_2 + m_1} t^2$$

32　解図 1.13 のように，二つの物体は糸で結ばれているため，同じ大きさ a の加速度で動く．また，物体 1，2 間の糸が物体 1 を引く力と糸が物体 2 を引く力は同じ大きさ (f_{12}) であり，物体 2，3 間の糸が物体 2 を引く力と糸が物体 3 を引く力は同じ大きさ (f_{23}) である．その結果，それぞれの物体に対する運動方程式は，動く向きを正の向きとして次のようになる．

$$m_1 a = m_1 g - f_{12} \quad \cdots ①$$
$$m_2 a = m_2 g - f_{23} + f_{12} \quad \cdots ②$$
$$m_3 a = f_{23} \quad \cdots ③$$

解図 1.13

連立方程式を解き，次のようになる．

式①＋式②＋式③： $(m_3 + m_2 + m_1)a = m_1 g + m_2 g$

$$\rightarrow a = \frac{(m_1 + m_2)g}{m_3 + m_2 + m_1}$$

等加速度直線運動の式を使って，次式が得られる．

$$v = \frac{(m_1 + m_2)g}{m_3 + m_2 + m_1} t$$

$$s = \frac{1}{2} \frac{(m_1 + m_2)g}{m_3 + m_2 + m_1} t^2$$

33　物体には鉛直下向きに重力 mg がはたらく．運動方程式は次のようになる．

$$ma = -mg$$

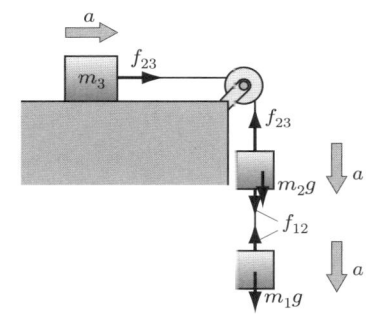

加速度は $a = -g$ となる．等加速度直線運動の式を使って，次のようになる．

$$v = -v_0 - gt, \quad z = h - v_0 t - \frac{1}{2} gt^2$$

34　運動方程式は次のようになる．

$$ma = -mg$$

加速度は $a = -g$ となる．等加速度直線運動の式を使って，次のようになる．
$$v = \boxed{v_0 - gt}, \quad z = \boxed{h + v_0 t - \frac{1}{2}gt^2}$$

35 地表を原点として，鉛直上向きに z 軸をとる．物体 1，2 はどちらも加速度 $-g$ の等加速度直線運動をする．時間 t における物体 1，2 の z 座標 z_1，z_2 は，
$$z_1 = v_0 t - \frac{1}{2}gt^2, \quad z_2 = h - \frac{1}{2}gt^2$$

と表される．よって，時間 t' において両者がすれ違ったとすると，
$$v_0 t' - \frac{1}{2}gt'^2 = h - \frac{1}{2}gt'^2 \quad \therefore t' = \frac{h}{v_0}$$

で，すれ違う位置は，$z_1 = z_2 = h - \frac{1}{2}g\left(\frac{h}{v_0}\right)^2$ である．これが $\frac{h}{2}$ 以上であればよいので，
$$h - \frac{1}{2}g\left(\frac{h}{v_0}\right)^2 \geq \frac{h}{2} \quad \therefore v_0 \geq \sqrt{gh}$$

となる．よって，$\boxed{\sqrt{gh}}$ 以上であればよい．

36 解図 1.14 のように動摩擦は，外力の向きとは無関係で，速度と逆向きである．運動方程式は次のようになる．
$$ma = -F_0 - f' = -F_0 - \mu' mg$$

この運動方程式より，加速度 $a = -\dfrac{F_0 + \mu' mg}{m}$ が得られる．等加速度直線運動の式を使って，次式が得られる．
$$v = \boxed{v_0 - \frac{F_0 + \mu' mg}{m}t}$$

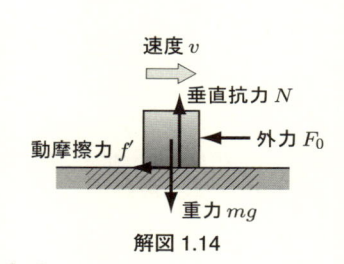

解図 1.14

37 力積は力とその力を作用させた時間の積であるので，$20\,\text{N} \times 5.0\,\text{s} = \boxed{1.0 \times 10^2\,\text{N·s}}$ となる．また，力積は物体の運動量の変化とも等しい．求める速さを v とすると，
$$5.0\,\text{kg} \times v - 5.0\,\text{kg} \times 0\,\text{m/s} = 1.0 \times 10^2\,\text{N·s}$$

となる．よって，$v = \boxed{20\,\text{m/s}}$ となる．

38 ボールについての力積を求める．力積は運動量（質量×速度）の変化に等しいので，ボールが受けた力積は $0.20\,\text{kg} \times 0\,\text{m/s} - 0.20\,\text{kg} \times 20\,\text{m/s} = -4.0\,\text{kg·m/s}$ となる．負の値になっているので，$\boxed{\text{ボールが飛んできた方向と逆向き}}$ で，大きさは $\boxed{4.0\,\text{N·s}}$ となる．

力積は力とその力を及ぼした時間の積で表される．ボールを受け止めた時間が 0.10 秒間で，そのときの平均の力の大きさ $\overline{F}$ をとると，$\overline{F} \times 0.10\,\text{s} = 4.0\,\text{N·s}$ となる．これより，手が受けた平均の力の大きさは $\boxed{40\,\text{N}}$ である．

39 最初，物体は静止しているので，受けた力積の大きさが物体の運動量の大きさになる．解図1.15のように，力積は F-t グラフの面積から求められ，75 N·s である．10 秒後の物体の速さを v とすると，75 N·s = $5.0\,\text{kg} \times v$ より，$v =$ 15 m/s となる．

解図1.15

40 分裂したもう一つの物体の質量は 2.0 kg である．右向きを正の向きとする．求める速度を v とする．運動量保存の法則から，$6.0\,\text{kg} \times 3.0\,\text{m/s} = 4.0\,\text{kg} \times 5.0\,\text{m/s} + 2.0\,\text{kg} \times v$ となり，$v = -1.0$ m/s である．よって，分裂したもう一つの物体の速度は，左向きに 1.0 m/s である．

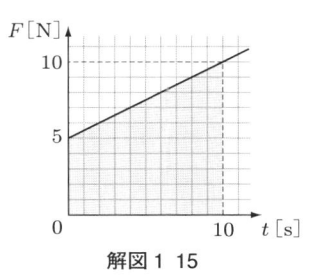

41 第1段ロケットと第2段ロケットの切り離し前後について，運動量保存の法則を考えると，$200\,\text{kg} \times 100\,\text{m/s} = (200-50)\,\text{kg} \times v_1 + 50\,\text{kg} \times v_2$ となる．また，これらのロケットの相対速度について考えると，$v_1 - v_2 = -40$ m/s となる．この2式から，$v_1 =$ 90 m/s，$v_2 =$ 130 m/s となる．

42 右向きを正の向きとして考える．運動量保存の法則より，

$$0.50\,\text{kg} \times 0\,\text{m/s} + 2.0\,\text{kg} \times 0\,\text{m/s}$$
$$= 0.50\,\text{kg} \times (-4.0\,\text{m/s}) + 2.0\,\text{kg} \times v_B$$

となり，$v_B =$ 1.0 m/s である．

また，物体 B について力積を考える．運動量の変化が力積に相当するので，

$$2.0\,\text{kg} \times 1.0\,\text{m/s} - 2.0\,\text{kg} \times 0\,\text{m/s} = 2.0\,\text{kg·m/s} = 2.0\,\text{kg·m/s}^2\text{·s}$$
$$= 2.0\,\text{N·s}$$

となる．力積の大きさは，2.0 N·s である．

43 弾丸が木片に打ち込まれる前後での運動量保存について考える．弾丸が打ち込まれる前の全運動量と，打ち込まれて一体で運動したときの全運動量が保存される．よって，$mv + M \times 0 = (m+M) \times V$ となる．これより，$V = \dfrac{m}{m+M}v$ となる．弾丸が木片に入り込むと，互いに動摩擦力を及ぼし合って，弾丸には負の加速度が生じて減速し，木片には加速度が生じて動き出す．

44 運動量保存の法則と反発係数の式を用いて解く．衝突後の物体 A, B の速度をそれぞれ v'_A, v'_B とすると，運動量保存則より，

$$2.0\,\text{kg} \times 6.0\,\text{m/s} + 1.0\,\text{kg} \times (-2.0\,\text{m/s}) = 2.0\,\text{kg} \times v'_A + 1.0\,\text{kg} \times v'_B$$

となり，整理すると $10 = 2v'_A + v'_B$ となる．

一方，反発係数は，$e = $（遠ざかる速さ）÷（近づく速さ）だから，

$$0.50 = \dfrac{v'_B - v'_A}{6.0 + 2.0}$$

となり，整理すると $4.0 = v'_B - v'_A$ となる．

この二つの式より，$v'_A = 2.0$，$v'_B = 6.0$ となる．よって，物体Aは右向きに 2.0 m/s，物体Bも右向きに 6.0 m/s で進む．

45 運動量保存の法則の式と反発係数の式を用いて解く．この場合，運動量保存の法則は，
$$mv + m \cdot 0 = mv'_A + mv'_B$$
より，$v = v'_A + v'_B$ である．また，反発係数は，$e = \dfrac{v'_B - v'_A}{v - 0} = \dfrac{v'_B - v'_A}{v}$ である．

$e = 1$ の場合：
$$v = v'_A + v'_B, \quad 1 = \dfrac{v'_B - v'_A}{v} \text{ より，} v'_A = \boxed{0}, \ v'_B = \boxed{v} \text{ となる．}$$

$e = 0.5$ の場合：
$$v = v'_A + v'_B, \quad 0.5 = \dfrac{v'_B - v'_A}{v} \text{ より，} v'_A = \boxed{\dfrac{v}{4}}, \ v'_B = \boxed{\dfrac{3}{4}v} \text{ となる．}$$

$e = 0$ の場合：
$$v = v'_A + v'_B, \quad 0 = \dfrac{v'_B - v'_A}{v} \text{ より，} v'_A = \boxed{\dfrac{v}{2}}, \ v'_B = \boxed{\dfrac{v}{2}} \text{ となる．}$$

46 床に衝突する速さを v とする．鉛直下向きを正として，自由落下する小球は加速度 g の等加速度直線運動をするので，$2gh = v^2 - 0$ より，$v = \sqrt{2gh}$ である．同様に，はね返る速さを v' とすると，はね返った小球は鉛直上向きを正として加速度 $-g$ の等加速度直線運動をするので，$2 \cdot (-g) \cdot \dfrac{h}{4} = 0 - v'^2$ より，$v' = \sqrt{\dfrac{gh}{2}}$ である．$e = \dfrac{v'}{v}$ であるので，$e = \dfrac{\sqrt{\dfrac{gh}{2}}}{\sqrt{2gh}} = \dfrac{1}{2} = \boxed{0.5}$ となる．力積は運動量の変化である．鉛直下向きを正として，運動量の変化は $m(-v') - mv = m\left(-\sqrt{\dfrac{gh}{2}}\right) - m\sqrt{2gh} = -\dfrac{3}{2}m\sqrt{2hg}$ となり，それぞれの数値を代入することで，力積の大きさは $\boxed{30 \text{ N·s}}$ である．

47 衝突後の物体A，Bの速さをそれぞれ v_A，v_B とする．運動量保存の法則から，$mv_0 = Mv_A + mv_B$ である．また，反発係数は $e = \dfrac{v_A - v_B}{v_0 - 0}$ である．

この二つの式を v_A と v_B についての連立方程式として解くと，
$$v_A = \dfrac{(1+e)m}{m+M}v_0, \quad v_B = \dfrac{m - eM}{m+M}v_0$$
となる．物体Bがはね返るためには，$v_B < 0$ であればよい．$v_B = \dfrac{m - eM}{m+M}v_0$ において，$m - eM < 0$ であれば $v_B < 0$ である．よって，$\boxed{m < eM}$ が条件である．

48 ① 運動エネルギー ② $\boxed{\dfrac{1}{2}mv^2}$ ③ 位置エネルギー ④ mgh ⑤ $\boxed{\dfrac{1}{2}kx^2}$

49 (1) （仕事）＝（力）×（力の向きに動いた距離）により計算する．
$$W = 2.0 \text{ kg} \times 9.8 \text{ m/s}^2 \times (-5.0 \text{ m}) = \boxed{-98 \text{ J}}$$
(2) 物体が -5.0 m の位置から地表まで達するときに重力がする仕事が，求める位置エネルギーである．
$$U = W = \boxed{-98 \text{ J}}$$

50 (1) （仕事）＝（力）×（動いた距離）より，次のようになる．この場合，外力がする仕事は正である．
$$\Delta W = Fs = 10 \text{ N/m} \times 0.005 \text{ m} \times (0.01 - 0) \text{ m} = \boxed{0.0005 \text{ J}}$$
(2) 次の表のようになり，合計すると，$W = \boxed{0.05 \text{ J}}$ となる．

伸び x [m]	0〜0.01	0.01〜0.02	0.02〜0.03	0.03〜0.04	0.04〜0.05
仕事 ΔW [J]	0.0005	0.0015	0.0025	0.0035	0.0045
	0.05〜0.06	0.06〜0.07	0.07〜0.08	0.08〜0.09	0.09〜0.10
	0.0055	0.0065	0.0075	0.0085	0.0095

(3) 次のようになる．
$$W = 10 \text{ N/m} \times 0.05 \text{ m} \times (0.1 - 0) \text{ m} = \boxed{0.05 \text{ J}}$$
これは (2) の結果と等しい．このように，力が変位 x に比例する場合，仕事 W は区間の分割のしかたにかかわらず，平均の力がする仕事として求めることができる．

51 動摩擦力は動く向きと逆向きにはたらく．その結果，負の仕事をする（相手のエネルギーを減らす）．運動エネルギーの変化が仕事に等しいから，距離 x だけ動いて止まるとして，次式が得られる．
$$\frac{1}{2} \times 2.0 \text{ kg} \times (0 \text{ m/s})^2 - \frac{1}{2} \times 2.0 \text{ kg} \times (5.0 \text{ m/s})^2 = (-10 \text{ N}) \times x$$
よって，$x = \boxed{2.5 \text{ m}}$ となる．

52 物体と床の間の動摩擦係数を μ' とする．物体にはたらく動摩擦力の大きさ f' は，物体の質量を m とすると，$f' = \mu' mg$ である．運動エネルギーの変化が，動摩擦力がする負の仕事に等しいから，
$$0 - \frac{1}{2} m v_0^2 = -f' x = -\mu' mg x$$
が成り立つ．よって，$\mu' = \boxed{\dfrac{v_0^2}{2gx}}$ となる．

53 求める速さを v_2 とすると，力学的エネルギー保存の法則より，次式が成り立つ．
$$\frac{1}{2} m v_1^2 + mgh_1 = \frac{1}{2} m v_2^2 + mgh_2$$

よって，$v_2 = \sqrt{v_1{}^2 + 2g(h_1 - h_2)}$ となる．

54 (1) 力学的エネルギー保存の法則より，次式が成り立つ．

（運動エネルギー）＋（重力の位置エネルギー）＋（ばねの位置エネルギー）

$$= \frac{1}{2}mv^2 + 0 + 0 = 0 + 0 + \frac{1}{2}kx^2$$

この式より，$v = \sqrt{\dfrac{k}{m}}\,x$ となる．

(2) 力学的エネルギー保存の法則より，次式が成り立つ．

$$0 + 0 + \frac{1}{2}kx^2 = 0 + mgh + 0$$

この式より，$x = \sqrt{\dfrac{2mgh}{k}}$ となる．

55 ばねの縮み x は，物体の速さがゼロになるという条件から求めることができる．力学的エネルギー保存の法則より，次式が成り立つ．ばねが自然長にあるときの板の位置を重力による位置エネルギーの基準とする．

$$0 + mg(-x) + \frac{1}{2}kx^2 = 0 + mgh + 0$$

この2次方程式は解を二つもつが，x は正だから，答えは次のようになる．

$$x = \dfrac{mg + \sqrt{m^2g^2 + 2mghk}}{k}$$

56 動摩擦力の大きさは $\mu'Mg$ である．解図1.16のように，物体の重力による位置エネルギーの基準を机の面とし，おもりの位置エネルギーの基準を最初のおもりの位置とする．動摩擦力がする仕事がエネルギーの変化であることから，次式が成り立つ．

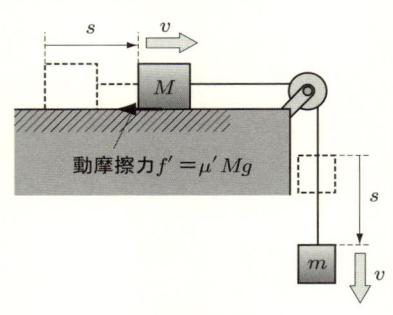

$$\frac{1}{2}Mv^2 + \frac{1}{2}mv^2 + mg(-s)$$
$$= -\mu'Mgs$$

この式より，$v = \sqrt{\dfrac{2(m - \mu'M)gs}{M + m}}$ となる．

解図 1.16

57 おもりの重力による位置エネルギーの基準を天井の面とする．解図1.17および力学的エネルギー保存の法則より，次式が成り立つ．

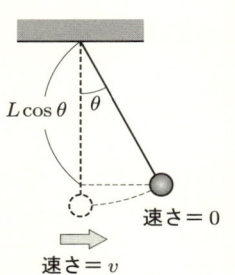

$$\frac{1}{2}mv^2 + mg(-L) = 0 + mg(-L\cos\theta)$$

解図 1.17

この式より，$\cos\theta = 1 - \dfrac{v^2}{2gL}$ となる．

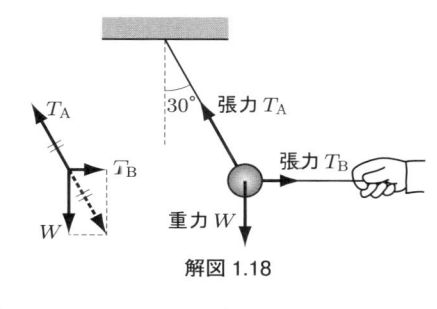

58 解図 1.18 に示すように，張力 T_B と重力 W の合力が張力 T_A に等しい．重力 $W = 1.0\,\text{kg} \times 9.8\,\text{m/s}^2 = 9.8\,\text{N}$ である．三角比を用いて張力 T_A，T_B を求める．
$\cos 30° = \dfrac{W}{T_A}$，$\sin 30° = \dfrac{T_B}{T_A}$ である．
これより，$T_A \fallingdotseq$ 11 N，$T_B \fallingdotseq$ 5.7 N となる．

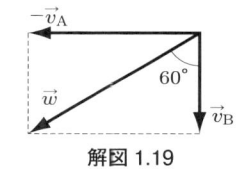

解図 1.18

59 電車に乗っている観測者の速度を $\vec{v}_A$，雨の速度を $\vec{v}_B$ とする．観測者からは，雨は $\vec{v}_B$ で落下しながら $-\vec{v}_A$ で近づいてくるようにみえるので，観測者に対する雨の相対速度 $\vec{w}$ は，解図 1.19 のように $\vec{w} = \vec{v}_B + (-\vec{v}_A) = \vec{v}_B - \vec{v}_A$ となる．

これより，$\dfrac{v_A}{v_B} = \tan 60°$ である．また，$v_A = 80\,\text{km/h} = 22.2\,\text{m/s}$ である．よって，$v_B = \dfrac{22.2}{\sqrt{3}} \fallingdotseq$ 13 m/s である．

解図 1.19

60 ボールがなめらかな面に斜めに衝突する場合，ボールはその面に平行な方向には力を受けず，垂直な方向にだけ力を受けるから，面に垂直な方向の速度成分のみが変化する．よって，反発係数は衝突前後の速度の垂直成分の大きさの比で求めることができる．面との衝突直前の速度の垂直成分を $v_\perp$ として，衝突直後の速度の垂直成分を $v'_\perp$ とすれば，反発係数 e は $e = \left|\dfrac{v'_\perp}{v_\perp}\right|$ と表せる．

ボールが床に衝突した後の速度を v' として，衝突前後での速度の水平成分と垂直成分は，解図 1.20 のようになる．これより，水平成分は，$3.0\cos 60° = v'\cos 30°$ となる．垂直成分は，$e = \left|\dfrac{v'_\perp}{v_\perp}\right|$ より，$e \times 3.0\sin 60° = v'\sin 30°$ である．この二つの式から，$e = \dfrac{1}{3} \fallingdotseq$ 0.33 である．

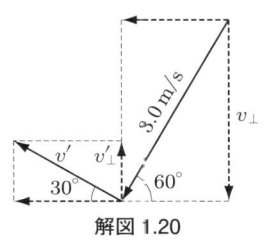

解図 1.20

61 ボールの運動量の変化を求めることで力積を求めることができる．
（90° の場合）解図 1.21（a）のように，ベクトルを用いて運動量の変化 $m\vec{v'} - m\vec{v}$ を考える．よって，力積の大きさは三平方の定理から $\sqrt{m^2|\vec{v'}|^2 + m^2|\vec{v}|^2}$
となるので，$0.20 \times \sqrt{18^2 + 24^2} = 6.0$ となり，力積の大きさは 6.0 N·s となる．

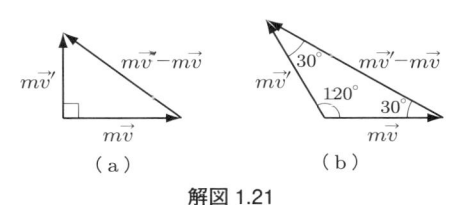

解図 1.21

（60°の場合）90°の場合と同様に，ベクトルを用いて運動量の変化を考える．ボールは同じ速さで飛んでいったので，$\vec{v}$ と $\vec{v'}$ の大きさは同じである．ベクトルを作図してみると，解図 (b) のように頂角 120°の二等辺三角形になることがわかる．力積の大きさは，三角比を用いて $m|\vec{v}| \times \cos 30° = 0.20 \times 24 \times \cos 30°$ の2倍になる．よって，力積の大きさは $0.20 \times 24 \times \cos 30° \times 2 \fallingdotseq$ 8.3 N·s となる．

62 物体 B の衝突後の速度の x 成分を v_x，y 成分を v_y とする．物体 A の衝突前の速度は x 成分のみ，衝突後は y 成分のみをもち，物体 B の衝突前の速度は y 成分のみである．衝突前後の運動量保存の式を x，y 成分に分けて立てる．

x 成分： $0.50 \text{ kg} \times 4.0 \text{ m/s} = 1.0 \text{ kg} \times v_x$

y 成分： $1.0 \text{ kg} \times 5.0 \text{ m/s} = 0.50 \text{ kg} \times 6.0 \text{ m/s} + 1.0 \text{ kg} \times v_y$

これより，$v_x = 2.0$ m/s，$v_y = 2.0$ m/s である．よって，物体 B の速さ v は，$v = \sqrt{v_x^2 + v_y^2} = \sqrt{2.0^2 + 2.0^2} \fallingdotseq$ 2.8 m/s である．

63 解図 1.22 のように，このボールの運動は，水平方向には等速直線運動で，鉛直方向には高さ h からの自由落下である．初速度の水平成分を v_0 とする．水平に投げ出しているので，初速度の鉛直成分はゼロである．接地したときの速度の水平成分 v_x は v_0 と等しいので，$v_x = v_0$ である．一方，接地したときの速度の鉛直成分 v_y は，鉛直下向きを正の向きとしたとき，$v_y^2 - 0^2 = 2gh$ より $v_y = \sqrt{2gh}$ である．ボールは地面に 45°で接地したので，$\dfrac{v_y}{v_x} = \tan 45° = 1$ より $v_x = v_y$ であるので，$v_0 = v_x = v_y$ である．すなわち，初速度の大きさは $\sqrt{2gh}$ である．

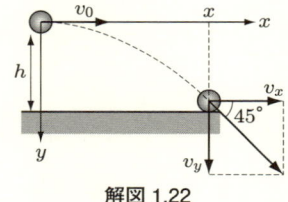

解図 1.22

ボールの落下時間を t とすると，$h = \dfrac{1}{2}gt^2$ であるので，$t = \sqrt{\dfrac{2h}{g}}$ となる．よって，水平距離 x は，$x = x_0 t = \sqrt{2gh} \times \sqrt{\dfrac{2h}{g}} =$ $2h$ である．

64 球 A の運動を水平方向と鉛直方向に分けて考えると，水平方向には速さ v_0 の等速直線運動をし，鉛直方向には自由落下する．球 B は自由落下である．球 A，B とも鉛直方向の運動は自由落下であり，同じ運動をしている．鉛直下向きを正の向きとして考える．球 A が水平方向に L だけ進むには，$t = \dfrac{L}{v_0}$ の時間がかかる．その時間に球 A，B が落下する距離は $y = \dfrac{1}{2}gt^2 = \dfrac{1}{2}g\left(\dfrac{L}{v_0}\right)^2$ である．地上に落下するまでに二つの球が衝突するには，$y < h$ でなければならない．すなわち，$\dfrac{gL^2}{2v_0^2} < h$ である．これより，$v_0 > \sqrt{\dfrac{g}{2h}} L$ でなくてはならない．

65 解図 1.23 のように，ボールの初速度の水平方向の成分は $v_0 \cos\theta$，鉛直成分は $v_0 \sin\theta$ である．鉛直方向の運動について考えると，時間 t 経過後の速度の鉛直成分 v_y は $v_y = v_0 \sin\theta - gt$ であり，最高点に達したとき $v_y = 0$ となるので，最高点に達するまでにかかった時間は $\dfrac{v_0 \sin\theta}{g}$ である．最高点から地表に落下するまでは これと同じ時間がかかる．すなわち，投げ上げられてから地表に落下するまでの時間は $2 \times \dfrac{v_0 \sin\theta}{g}$ である．

また，時間 t 経過後の水平距離 x は，等速直線運動により $x = v_0 \cos\theta \cdot t$ なので，落下するまでに進んだ水平距離は，

$$x = v_0 \cos\theta \times 2 \times \dfrac{v_0 \sin\theta}{g} = \dfrac{v_0^2}{g} \times 2\cos\theta \sin\theta = \dfrac{v_0^2}{g} \times \sin 2\theta$$

である．このように，水平距離 x は θ の関数として表せる．ここで，$\sin 2\theta$ を最大にすれば，もっとも遠くへ飛ぶことになる．このとき，$\sin 2\theta = 1$ より，$\theta = \underline{45°}$ である．

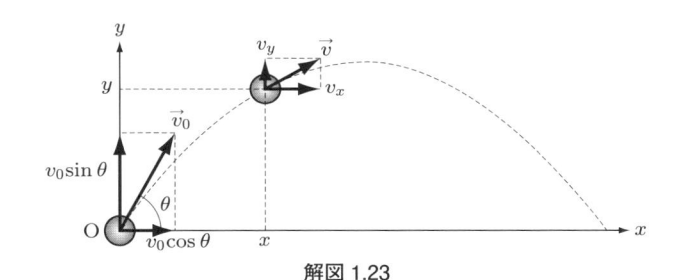

解図 1.23

66 $T = \dfrac{60}{60} = \underline{1.0 \text{ s}}$，$\omega = \dfrac{2\pi}{T} = 2\pi \fallingdotseq \underline{6.3 \text{ rad/s} (6.3 \text{ s}^{-1})}$，$v = r\omega = 1.0 \times 6.28 \fallingdotseq \underline{6.3 \text{ m/s}}$，$F = mr\omega^2 = 0.20 \times 1.0 \times 6.28^2 \fallingdotseq \underline{7.9 \text{ N}}$

67 解図 1.24 より，張力 S と重力 mg の関係は，$\cos\theta = \dfrac{mg}{S}$ であるので，$S = \underline{\dfrac{mg}{\cos\theta}}$ となる．

この等速円運動の半径 r は $r = L\sin\theta$ である．また，向心力 F は角速度 ω を用いて $F = mr\omega^2$ で表されるので，$F = m \cdot L\sin\theta \cdot \omega^2$ である．この向心力 F は張力 S と重力 mg の合力 $mg\tan\theta$ に等しいので，$m \cdot L\sin\theta \cdot \omega^2 = mg\tan\theta$ である．これより，角速度 $\omega = \sqrt{\dfrac{g}{L\cos\theta}}$ である．これを等速円運動の周期 $T = \dfrac{2\pi}{\omega}$ に代

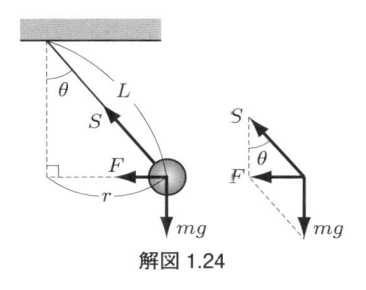

解図 1.24

入して，$T = \dfrac{2\pi}{\omega} = 2\pi\sqrt{\dfrac{L\cos\theta}{g}}$ となる．

68 静止衛星は地球の自転周期と同じだから，周期 T の間に 2π rad 回転する．よって，角速度は $\omega = \dfrac{2\pi}{T}$ である．

　静止衛星の軌道半径は地球の中心から $R+h$ であり，万有引力が等速円運動している静止衛星の向心力（＝ 質量 × 半径 × 角速度の2乗）であるので，$m(R+h)\left(\dfrac{2\pi}{T}\right)^2 = G\dfrac{mM}{(R+h)^2}$ が成り立つ．これより，静止衛星の高さは $h = \sqrt[3]{\dfrac{GMT^2}{4\pi^2}} - R$ となる．

69 惑星 A の公転周期を T_A，惑星 B の公転周期を T_B とする．また，惑星 A の公転半径を r とすると，惑星 B の公転半径は $7r$ である．ケプラーの第3法則から，$T_A{}^2 = kr^3$，$T_B{}^2 = k(7r)^3$ となる．この比をとることにより，$\dfrac{T_B{}^2}{T_A{}^2} = \dfrac{k(7r)^3}{kr^3} = 343$ である．これより，$T_B = \sqrt{343}\,T_A$ となる．$\sqrt{343} ≒ 18.520$ なので，$T_B = 18.5 T_A$ より，**18.5 倍** である．

70 (1) 単振動の中心は，物体にはたらく力のつり合いの位置なので，天井から $L+x$ の位置である．

(2) 単振動の中心から x だけもち上げて振動を開始させているので，振幅は x である．

　この単振動の周期は，ばね定数を k として，$T = 2\pi\sqrt{\dfrac{m}{k}}$ と求められる．ばね定数 k は，$kx = mg$ より $k = \dfrac{mg}{x}$ である．よって，周期 $T = 2\pi\sqrt{\dfrac{x}{g}}$ となる．

(3) 単振動の速度は，角速度を ω として，$v = x\omega\cos\omega t$ と表せる．振動の中心での速さは最大だから，$v = x\omega$ である．$\omega = \dfrac{2\pi}{T}$ であるので，$v = x\omega = x\dfrac{2\pi}{T}$ であり，$T = 2\pi\sqrt{\dfrac{x}{g}}$ である．よって，$v = \sqrt{xg}$ である．

71 右向きを正とする．物体を x だけ正の方向へ移動させると，物体は解図1.25のように二つのばねから負の方向へ，$k_1 x$，$k_2 x$ の力を受ける．すなわち，物体が二つのばねから受ける力 F は，$F = -k_1 x + (-k_2 x) = -(k_1+k_2)x$ である．これを，ばね定数 K のばねによる単振動と考えれば，$F = -Kx = -(k_1+k_2)x$ であるので，$K = k_1 + k_2$ である．

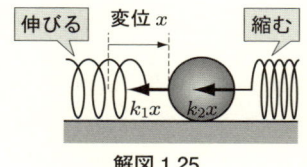

解図1.25

　よって，単振動の周期は $T = 2\pi\sqrt{\dfrac{m}{K}} = 2\pi\sqrt{\dfrac{m}{k_1+k_2}}$ となる．

72 物体にはたらく力の関係は，解図 1.26 のようになる．
(1) 斜面に平行な力がつり合っていればよいので，$F = mg\sin\theta$ となる．
(2) 斜面上方を正の向きとして，運動方程式を立てる．$ma = F - mg\sin\theta$ より，$F = \boxed{m(a + g\sin\theta)}$ である．
(3) 斜面下方を正の向きとして，運動方程式を立てる．$ma = mg\sin\theta - F$ より，$F = \boxed{m(-a + g\sin\theta)}$ である．

解図 1.26

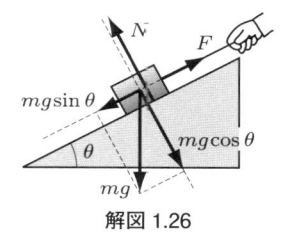

73 物体が滑り出す直前において物体にはたらく力は，解図 1.27 のようになる．斜面と平行な方向の力のつり合いは，$f_{\max} - mg\sin\theta_0 = 0$ であり，斜面と垂直な方向の力のつり合いは $N - mg\cos\theta_0 = 0$ である．最大静止摩擦力 $f_{\max} = \mu N$ より，$\mu = \dfrac{f_{\max}}{N} = \dfrac{mg\sin\theta_0}{mg\cos\theta_0} = \boxed{\tan\theta_0}$ となる（この θ_0 を摩擦角という）．

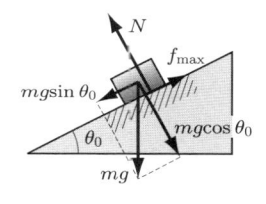

解図 1.27

74 （エレベーターの中に観測者がいる場合）解図 1.28 (a) のように，重力 mg と慣性力 ma と糸の張力 T がつり合っているように観測される．すなわち，$T = \boxed{m(g + a)}$ である．
（エレベーターの外に観測者がいる場合）解図 (b) のように，おもりには張力 T と重力 mg が作用してエレベーターと同じ加速度 a で上昇するように観測される．すなわち，このおもりの運動方程式は，上向きを正として $ma = T - mg$ である．よって，$T = \boxed{m(g + a)}$ である．

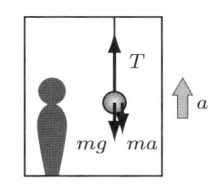

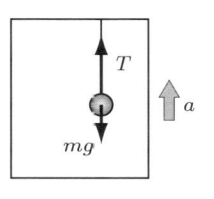

（a）エレベーターの中に観測者がいる場合　（b）エレベーターの外に観測者がいる場合

解図 1.28

75 単位時間あたりの回転数 $n = \dfrac{\omega}{2\pi}$，周期 $T = \dfrac{1}{n} = \boxed{\dfrac{2\pi}{\omega}}$ である．速さ $v =$（軌道半径）×（角速度）であり，おもりは，ばねが x だけ伸びた状態，すなわち半径 $L + x$ で等速円運動しているので，$v = \boxed{(L + x)\omega}$ である．
向心力の大きさ F は，$F = \boxed{m(L + x)\omega^2}$ であり，これがばねの弾性力と等しい．し

したがって，フックの法則 $F = kx$ から，ばね定数 $k = \dfrac{F}{x} = \boxed{\dfrac{m(L+x)\omega^2}{x}}$ である．

76 回転軸周りの力のモーメントの和がゼロであるとき，その剛体は回転しない．回転に寄与する力の大きさは解図 1.29 のとおりである．F_A は 4 点を通る直線と垂直なので，回転に寄与する力の大きさは 40 N である．F_B と F_C はそれぞれ 4 点を通る直線と 30° をなしているので，垂直な力を三角比を用いて求める．F_D は 4 点を通る直線と水平なので，回転に寄与する力はゼロである．回転軸からの距離と回転に寄与する力の積が力のモーメントであり，その符号は反時計回りが正であることに注意して和を計算する．

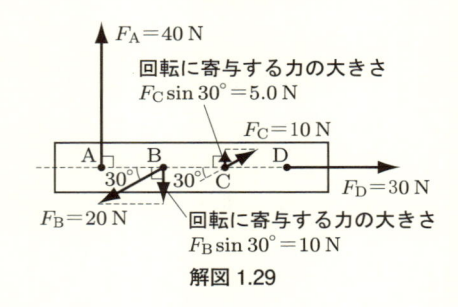

点 A を通る回転軸の場合：
$$N = (-10 \text{ N} \times 0.50 \text{ m}) + (5.0 \text{ N} \times 1.0 \text{ m}) + (0 \text{ N} \times 1.5 \text{ m}) = 0 \text{ N·m}$$
点 B を通る回転軸の場合：
$$N = (-40 \text{ N} \times 0.50 \text{ m}) + (5.0 \text{ N} \times 0.50 \text{ m}) + (0 \text{ N} \times 1.0 \text{ m}) = -17.5 \text{ N·m}$$
点 C を通る回転軸の場合：
$$N = (-40 \text{ N} \times 1.0 \text{ m}) + (10 \text{ N} \times 0.50 \text{ m}) + (0 \text{ N} \times 0.50 \text{ m}) = -35 \text{ N·m}$$
点 D を通る回転軸の場合：
$$N = (-40 \text{ N} \times 1.5 \text{ m}) + (10 \text{ N} \times 1.0 \text{ m}) + (-5 \text{ N} \times 0.50 \text{ m})$$
$$= -52.5 \text{ N·m}$$

よって，剛体が回転しないのは点 A を通る回転軸の場合である．

77 (1) 棒に作用している力は解図 1.30 のようになる．T は糸の張力，mg は重力，N は壁からの垂直抗力，F は棒が固定点から受ける鉛直方向の力の大きさである．力のつり合いの式は，力の水平成分と鉛直成分について分けて考えるので，

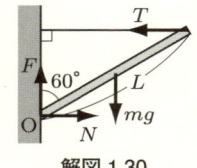

水平成分：$N - T = 0$
鉛直成分：$F - mg = 0$

となる．また，点 O を中心とする力のモーメントのつり合いの式は，
$$TL\cos 60° - mg \times \dfrac{L}{2} \times \sin 60° = 0$$
となる．

(2) 解答(1) の 3 式から，$T = \dfrac{\sqrt{3}}{2}mg$，$N = \dfrac{\sqrt{3}}{2}mg$ となる．これに $m = 2.0\,\text{kg}$，$g = 10\,\text{m/s}^2$ を代入して求めると，$T = \boxed{17\,\text{N}}$，$N = \boxed{17\,\text{N}}$ である．

78 作用している力を書き出すと，解図 1.31 のようになる．N_1 ははしごが壁から受ける垂直抗力，N_2 は床から受ける垂直抗力，F ははしごと床の間の静止摩擦力の大きさである．Mg，および mg はそれぞれはしご，および人の重心に作用する重力の大きさである．はしごがすべらないためには，力のつり合いと力のモーメントのつり合いを考えたうえで，最大静止摩擦力の条件を満たす必要がある．力のつり合いは，

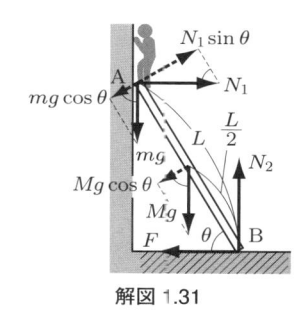

　　水平方向：$F = N_1$

　　鉛直方向：$N_2 = Mg + mg$

である．点 B を回転軸とする力のモーメントのつり合いは，

$$-N_1 L \sin\theta + Mg \dfrac{L}{2} \cos\theta + mgL \cos\theta = 0$$

である．いずれの項も，はしごの回転に寄与する力（はしごに垂直な力：破線矢印で表した力）と，点 B からの距離の積である．$F = N_1$ より，

$$FL \sin\theta - Mg \dfrac{L}{2} \cos\theta - mgL \cos\theta = 0$$

であり，これを F について解くと，$F = \dfrac{Mg + 2mg}{2} \cdot \dfrac{\cos\theta}{\sin\theta} = \dfrac{Mg + 2mg}{2\tan\theta}$ である．

はしごがすべらないためには，F は最大静止摩擦力以下であること，すなわち $F \leq \mu N_2$ が条件である．したがって，$\dfrac{Mg + 2mg}{2\tan\theta} \leq \mu N_2$ となり，また，$N_2 = Mg + mg$ であるから，次のようになる．

$$\dfrac{Mg + 2mg}{2\tan\theta} \leq \mu(Mg + mg)$$

よって，はしごがすべらない条件は，$\boxed{\tan\theta \geq \dfrac{M + 2m}{2\mu(M + m)}}$ となる．

79 面積 $S\,[\text{m}^2]$ の水面を押す大気圧による力の大きさは，$1.0 \times 10^5\,\text{Pa} \times S\,[\text{m}^2] = 1.0 \times 10^5 \times S\,[\text{N}]$ である．水柱の高さを $h\,[\text{m}]$ とすると，水柱の体積は $Sh\,[\text{m}^3]$ であり，水柱による力の大きさは，$Sh\,[\text{m}^3] \times 1.0 \times 10^3\,\text{kg/m}^3 \times 10\,\text{m/s}^2 = 1.0 \times 10^4 \times Sh\,[\text{N}]$ である．

水面を押す大気圧による力の大きさと水柱による力の大きさはつり合っているので，

$1.0 \times 10^5 \times S$ [N] $= 1.0 \times 10^4 \times Sh$ [N] となり，$h = 10$ となる．よって，水柱の高さは $\underline{10\text{ m}}$ になる．

80 (1) 重さとは，物体にはたらく重力の大きさのことである．押しのけられた水の体積は V なので，水の密度 ρ をかけることにより，その質量は ρV となる．よって，重さは $\underline{\rho V g}$ である．

(2) 浮力の大きさは，金属球と同体積の水の重さに等しいから，(1) の解答より，$\underline{\rho V g}$ となる．

(3) 糸の張力の大きさを T とする．金属球には解図 1.32 のような力がはたらいており，それらの力がつり合っているので，$T + \rho V g - mg = 0$ である．よって，$T = \underline{mg - \rho V g}$ である．

81 (1) ばね定数を k とする．力のつり合いにより，次のようになる．

$$kx_0 = mg \quad \text{よって，} \quad k = \underline{\frac{mg}{x_0}}$$

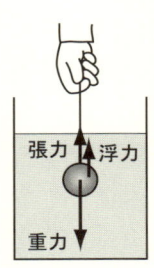

解図 1.32

(2) おもりの体積を V とする．おもりには，鉛直下向きに重力 mg，鉛直上向きにばねの弾性力 kx_1 と浮力 $\rho V g$ がはたらく．力のつり合いより，次のようになる．

$$kx_1 + \rho V g = mg \quad \therefore V = \frac{mg - kx_1}{\rho g} = \frac{mg - \frac{mg}{x_0}x_1}{\rho g} = \frac{m}{\rho}\left(\frac{x_0 - x_1}{x_0}\right)$$

よって，おもりの密度は $\dfrac{m}{V} = \underline{\dfrac{x_0}{x_0 - x_1}\rho}$ となる．

(3) 食塩水の密度を ρ' とする．(2) と同様に，おもりの密度 $\dfrac{m}{V} = \dfrac{x_0}{x_0 - x_2}\rho'$ が成り立つ．したがって，$\dfrac{m}{V} = \dfrac{x_0}{x_0 - x_1}\rho = \dfrac{x_0}{x_0 - x_2}\rho'$ より，$\rho' = \underline{\dfrac{x_0 - x_2}{x_0 - x_1}\rho}$ となる．

第2章 波 動

1 地球から太陽までの距離 $L = 1.5 \times 10^{11}$ m，真空中の光速 $c = 3.0 \times 10^8$ m/s である．

$$\text{時間 } t = \frac{L}{c} = \frac{1.5 \times 10^{11}\text{ m}}{3.0 \times 10^8\text{ m/s}} = 5.0 \times 10^2\text{ s} = \underline{8\text{ 分 }20\text{ 秒}} \text{ となる．}$$

2 歯車から反射鏡までの距離 $L = 8633$ m，歯車の歯数 $N = 720$，最初に反射光が暗くなるときの歯車の回転数 $n = 12.6$ Hz である．歯車の回転の角速度 $\omega = 2\pi n$，歯車の歯のすき間の中心からすぐ隣の歯の中心までの角度 $\theta = \dfrac{2\pi}{2N}$ であるから，角度 θ を歯車が回転する時間 $\dfrac{\theta}{\omega} = \dfrac{2\pi}{2N\omega} = \dfrac{1}{2Nn}$ となる．よって，光が歯車のすき間を通ってから再び歯車に戻るまでの時間 $t = \dfrac{2L}{c} = \dfrac{1}{2Nn}$ のとき，反射光は歯でさえぎられて暗

くなる．これから，$c = 4NnL = 4 \times 720 \times 12.6\,\text{Hz} \times 8633\,\text{m} \fallingdotseq \boxed{3.13 \times 10^8\,\text{m/s}}$ となる．

3 解図 2.1 のように，壁に平面鏡が設置されていると，人 AB の像 A′B′ は鏡面に対して対称な位置にできる．

頭の先の像 A′ と目 E を結ぶ直線と鏡面の交点を C とする．また，足の先の像 B′ と目 E を結ぶ直線と鏡面の交点を D とする．

鏡の前に立っている人が自分の全身をみるには，図の CD の位置に鏡があればよい．

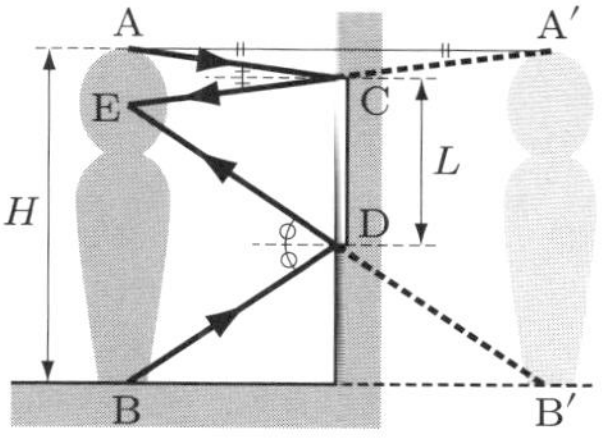

解図 2.1

このとき，光の反射の法則より $\overline{\text{CD}} = \frac{1}{2}\overline{\text{AE}} + \frac{1}{2}\overline{\text{EB}} = \frac{1}{2}\overline{\text{AB}}$ となり，鏡の高さ L は，身長 H の $\frac{1}{2}$ である．よって，$L = \frac{180\,\text{cm}}{2} = 90.0\,\text{cm}$ となる．つまり，鏡の高さは $\boxed{90.0\,\text{cm}}$ 以上あればよい．

4 解図 2.2 のように，二つの鏡面に対して対称な位置に 3 個の像ができる．

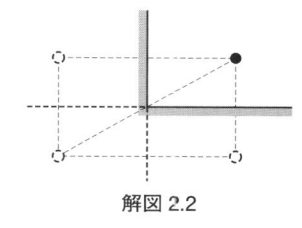

5 入射角 $i = 30°$，屈折角 $r = 20°$ より，屈折率
$n = \frac{\sin i}{\sin r} = \frac{\sin 30°}{\sin 20°} \fallingdotseq \boxed{1.5}$ となる．

解図 2.2

6 水の屈折率 $n_1 = 1.3$，ガラスの屈折率 $n_2 = 1.5$ より，水に対するガラスの相対屈折率 $n_{12} = \frac{n_2}{n_1} = \frac{1.5}{1.3} \fallingdotseq \boxed{1.2}$，ガラスに対する水の相対屈折率 $n_{21} = \frac{n_1}{n_2} = \frac{1.3}{1.5} \fallingdotseq \boxed{0.87}$ となる．

7 コアの屈折率 $n_1 = 1.55$，クラッドの屈折率 $n_2 = 1.54$ より，コアに対するクラッドの相対屈折率
$n_{12} = \frac{n_2}{n_1} = \frac{1.54}{1.55} \fallingdotseq \boxed{0.994}$ となる．

また，解図 2.3 のように，$i = i_c$ のとき屈折角 $r = 90°$ だから，$n_{12} = \frac{\sin i_c}{\sin 90°} = \sin i_c$．よって，臨界角 $i_c \fallingdotseq \boxed{83.5°}$ となる．

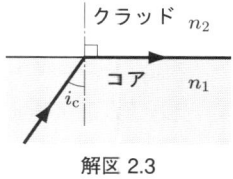

解図 2.3

8 プリズムの材質の屈折率 $n = \sqrt{3} \fallingdotseq 1.73$，AB 面の光の入射角 $i = 60°$ であるから，$n = \frac{\sin 60°}{\sin r} = \sqrt{3}$ より，$\sin r = \frac{1}{2}$ となる．これから，屈折角 $r = 30°$．面 AC での光の入射角は $60°$ である．

光が面 AC に入射するときの臨界角 i_c は，$\sin i_c = \frac{1}{n} = \frac{1}{\sqrt{3}}$ より，$i_c \fallingdotseq 35°$ である．

そのため，解図 2.4 のように，光は面 AC 上の点 E で全反射し，面 BC に垂直に入射して空気中に出る．

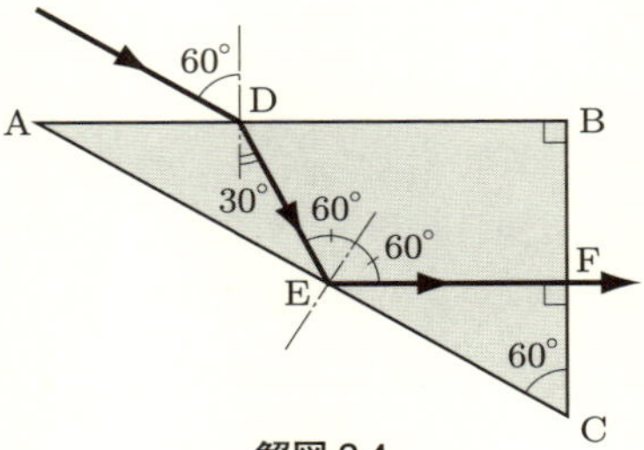

9 解図 2.5 のように，物体 P から出て真上の点 O の近くの点 Q に進む光は，水面で屈折して空気中に出て目に入る．このとき，上からみると，この光はあたかも点 P′ から出た光のように進むから，点 P′ に物体 P があるようにみえる．

水の屈折率 $n = 1.33$ だから，$\dfrac{\sin i}{\sin r} = \dfrac{1}{n} = \dfrac{1}{1.33} \fallingdotseq 0.752$ である．入射角 i と屈折角 r は非常に小さい角度だから，$\sin i \fallingdotseq \tan i = \dfrac{\overline{OQ}}{\overline{OP}}$, $\sin r \fallingdotseq \tan r = \dfrac{\overline{OQ}}{\overline{OP'}}$ である．

よって，$\dfrac{\sin i}{\sin r} \fallingdotseq \dfrac{\overline{OP'}}{\overline{OP}} = \dfrac{h'}{h} \fallingdotseq 0.752$，つまり，$h' \fallingdotseq \boxed{0.752\,h}$ である．

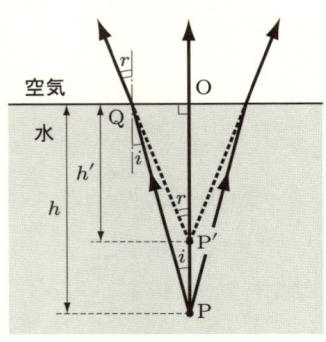

解図 2.4

解図 2.5

10 二つの球面の曲率半径 $R_1 = 12\,\text{cm}$, $R_2 = 18\,\text{cm}$, ガラスの屈折率 $n = 1.48$ より，
$$\frac{1}{f} = (n-1)\left(\frac{1}{R_1} + \frac{1}{R_2}\right) = (1.48 - 1)\left(\frac{1}{12\,\text{cm}} + \frac{1}{18\,\text{cm}}\right) \fallingdotseq 0.0667\,\text{cm}^{-1}$$
となる．これから，凸レンズの焦点距離 $f = \boxed{15\,\text{cm}}$ となる．

11 解図 2.6 のようになる．

解図 (a)：凸レンズによる物体 AB の実像 A′B′ を作図し，点 C とレンズの中心 M を結ぶ直線が像 A′B′ と交わる点を C′ とする．また，点 C と点 P を結ぶ直線がレンズと交わる点を D とする．点 C から出た光のうち，点 P を通った後にレンズを通過する光線は，C → P → D → C′ である．

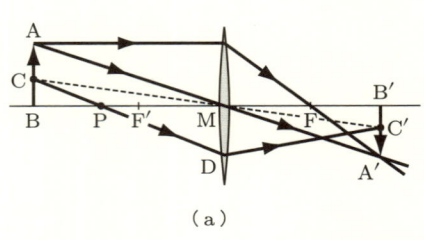

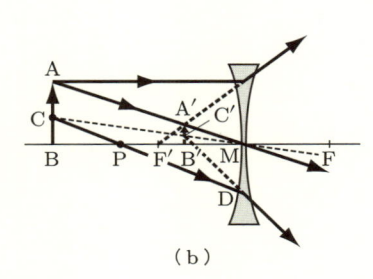

(a)　　　　　　　　(b)

解図 2.6

解図 (b)：凹レンズによる物体 AB の虚像 A′B′ を作図する．また，点 C と点 P を結ぶ直線がレンズ′と交わる点を D とする．そして，点 C とレンズの中心 M を結ぶ直線が虚像 A′B′ と交わる点を C′ とする．点 C′ と点 D を結ぶ線を延長した線が，点 C から出た光のうち，点 P を通った後にレンズを通過する光線である．

12 平行光線では光源がレンズから無限遠のところにあるので，$a = \infty$ である．レンズの式 $\dfrac{1}{a} + \dfrac{1}{b} = \dfrac{1}{f}$ において，$\dfrac{1}{a} = 0$ だから，$b = f$ となる．

凸レンズでは $b = f > 0$ であるため，解図 2.7 (a) のように，平行光線の像は凸レンズの焦点 F を通り，光軸に垂直な面（これを焦点面という）にできる．

凹レンズでは $b = f < 0$ であるため，解図 (b) のように，平行光線の像は凹レンズの焦点 F′ を通る焦点面にできる．

レンズの中心を通る光線と焦点面の交点が像の位置である．

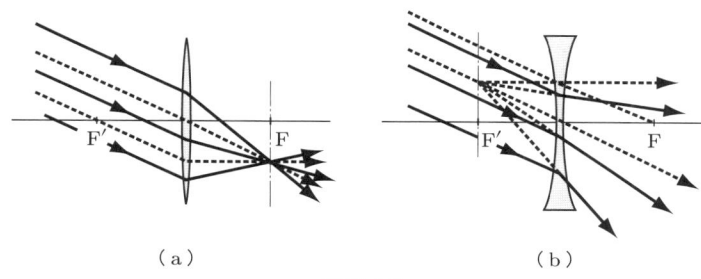

(a)　　　　　　　　　　(b)

解図 2.7

13 レンズの式 $\dfrac{1}{a} + \dfrac{1}{b} = \dfrac{1}{f}$ において，$a = 10\,\text{cm}$，凸レンズでは $f = 15\,\text{cm}$，凹レンズでは $f = -15\,\text{cm}$ である．

凸レンズでは，$\dfrac{1}{b} = \dfrac{1}{15\,\text{cm}} - \dfrac{1}{10\,\text{cm}} = \dfrac{-1}{30\,\text{cm}}$ より，$b = -30\,\text{cm} < 0$ となる．よって，解図 2.8 (a) のように，凸レンズの前方 30 cm の光軸上に虚像ができる．

凹レンズでは，$\dfrac{1}{b} = \dfrac{1}{-15\,\text{cm}} - \dfrac{1}{10\,\text{cm}} = \dfrac{-1}{6.0\,\text{cm}}$ より，$b = -6.0\,\text{cm} < 0$ となる．よって，解図 (b) のように，凹レンズの前方 6.0 cm の光軸上に虚像ができる．

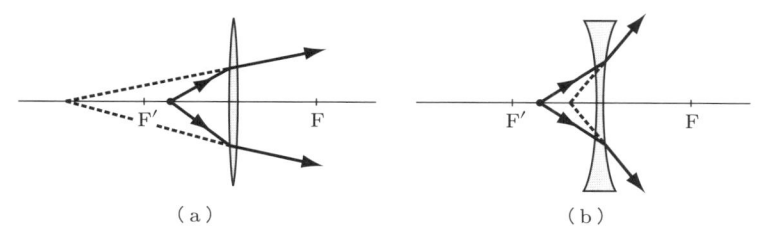

(a)　　　　　　　　　　(b)

解図 2.8

14 レンズの式 $\dfrac{1}{a}+\dfrac{1}{b}=\dfrac{1}{f}$ において,$a=-10\,\mathrm{cm}$,凸レンズでは $f=15\,\mathrm{cm}$,凹レンズでは $f=-15\,\mathrm{cm}$ である.

凸レンズでは,$\dfrac{1}{b}=\dfrac{1}{15\,\mathrm{cm}}-\dfrac{1}{-10\,\mathrm{cm}}=\dfrac{1}{6.0\,\mathrm{cm}}$ より,$b=6.0\,\mathrm{cm}>0$ となる.
よって,解図 2.9(a)のように,凸レンズの後方 6.0 cm の光軸上に実像ができる.

凹レンズでは,$\dfrac{1}{b}=\dfrac{1}{-15\,\mathrm{cm}}-\dfrac{1}{-10\,\mathrm{cm}}=\dfrac{1}{30\,\mathrm{cm}}$ より,$b=30\,\mathrm{cm}>0$ となる.
よって,解図(b)のように,凹レンズの後方 30 cm の光軸上に実像ができる.

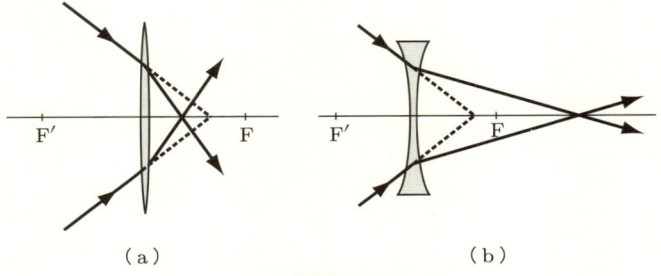

解図 2.9

15 明視の距離 $D=25.0\,\mathrm{cm}$,凸レンズの焦点距離 $f=6.0\,\mathrm{cm}$,レンズの式 $\dfrac{1}{a}+\dfrac{1}{b}=\dfrac{1}{f}$ である.このとき,虚像は物体の前方にできるから,$b<0$ である.

解図 2.10 より $D=f+|b|$ だから,$|b|=D-f=19.0\,\mathrm{cm}$ より,$b=-19.0\,\mathrm{cm}$ となる.

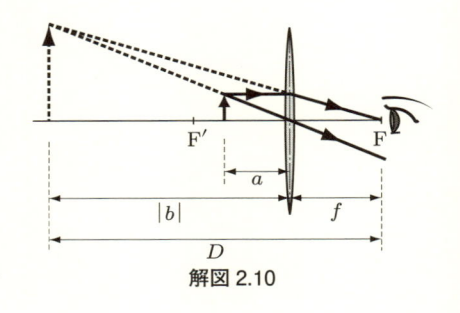

解図 2.10

$\dfrac{1}{a}=\dfrac{1}{6.0\,\mathrm{cm}}-\dfrac{1}{-19.0\,\mathrm{cm}}=\dfrac{25}{114\,\mathrm{cm}}$ から,$a\fallingdotseq 4.6\,\mathrm{cm}$ より,物体を凸レンズの前方 4.6 cm の位置に置けばよい.倍率は,$m=\left|\dfrac{b}{a}\right|\fallingdotseq 4.2$ より,4.2 倍となる.

16 まず,凸レンズ L_1 による物体 AB の像 A′B′ の位置と倍率 m_1 を求める.レンズの式 $\dfrac{1}{a_1}+\dfrac{1}{b_1}=\dfrac{1}{f_1}$ において,$f_1=20\,\mathrm{cm}$,$a_1=30\,\mathrm{cm}$ から,$b_1=60\,\mathrm{cm}$,$m_1=\dfrac{b_1}{a_1}=2.0$ となる.

次に,凹レンズ L_2 による像 A″B″ の位置と倍率 m_2 を求める.物体 AB の像 A′B′ は凹レンズ L_2 の虚物体であるから,$a_2<0$ で,$|a_2|=b_1-30\,\mathrm{cm}=30\,\mathrm{cm}$ となる.

よって，$a_2 = -30$ cm である．レンズの式 $\dfrac{1}{a_2} + \dfrac{1}{b_2} = \dfrac{1}{f_2}$ において，$f_2 = -20$ cm だから，$b_2 = -60$ cm，$m_2 = \left|\dfrac{b_2}{a_2}\right| = 2.0$ となる．これから，合成倍率 $m = m_1 \cdot m_2 = 2.0 \times 2.0 = 4.0$ となる．

よって，解図 2.11 のように，凹レンズ L_2 の前方 60 cm の位置，すなわち物体 AB の位置に，4.0 倍の虚像 A″B″ ができる．

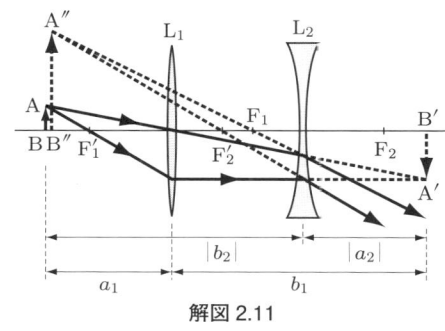

解図 2.11

17 まず，対物レンズ L_1 による物体 AB の像 A′B′ の位置と倍率 m_1 を求める．レンズの式 $\dfrac{1}{a_1} + \dfrac{1}{b_1} = \dfrac{1}{f_1}$ において，$f_1 = 1.0$ cm，$a_1 = 1.5$ cm から，$b_1 = 3.0$ cm，$m_1 = \dfrac{b_1}{a_1} = 2.0$ となる．

次に，接眼レンズ L_2 による像 A″B″ の位置と倍率 m_2 を求める．レンズの式 $\dfrac{1}{a_2} + \dfrac{1}{b_2} = \dfrac{1}{f_2}$ において，$f_2 = 5.0$ cm，$a_2 = 7.0$ cm $- b_1 = 4.0$ cm から，$b_2 = -20$ cm，$m_2 = \left|\dfrac{b_2}{a_2}\right| = 5.0$ となる．これから，合成倍率 $m = m_1 \cdot m_2 = 2.0 \times 5.0 = 10$ となる．

よって，解図 2.12 のように，接眼レンズ L_2 の前方 20 cm の位置に 10 倍の虚像 A″B″ ができる．

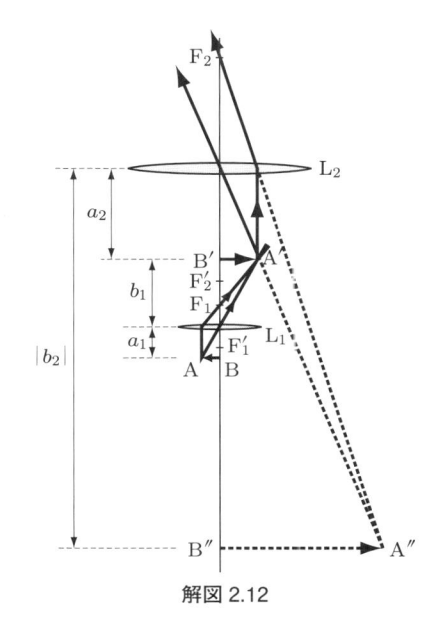

解図 2.12

18 スクリーンからろうそくまでの距離 $d = 40$ cm，像の倍率 $m = \dfrac{10 \text{ mm}}{30 \text{ mm}} = \dfrac{1}{3.0}$ である．解図 2.13 のように，$d = a + b$ より，$a = d - b$，$m = \dfrac{b}{a} = \dfrac{b}{d-b} = \dfrac{1}{3.0}$ となるから，$b = \dfrac{d}{4} = 10$ cm，$a = (40 - 10)$ cm $= 30$ cm となる．レンズの式より，

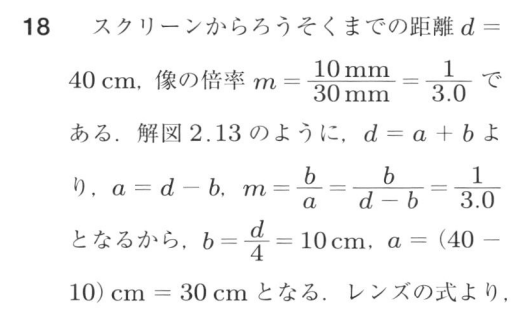

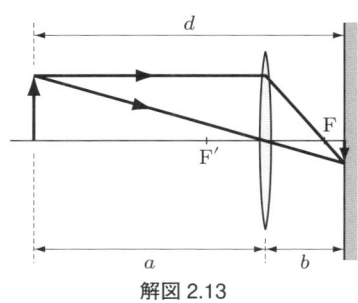

解図 2.13

$$\frac{1}{f} = \frac{1}{a} + \frac{1}{b} = \frac{1}{30\,\text{cm}} + \frac{1}{10\,\text{cm}} = \frac{1}{7.5\,\text{cm}}$$ となり，よって，$f = 7.5\,\text{cm}$ となる.

すなわち，スクリーンから凸レンズまでの距離 10 cm，凸レンズの焦点距離 7.5 cm となる.

19 (1) 解図 2.14 のように，$\frac{1}{a} + \frac{1}{b} = \frac{1}{f}$ より，レンズとスクリーンまでの距離は，レンズが点 P にあるときは b であり，レンズが点 Q にあるときは a である．$a + b = 72\,\text{cm}$ である．物体の大きさを h，像の大きさを h' とすると，像の倍率 $m = \frac{h'}{h}$ である．

レンズが点 P にあるとき，$h' = 1.0\,\text{cm}$，$m = \frac{b}{a}$ より，$h' = \frac{b}{a}h = 1.0\,\text{cm}$ である．

レンズが点 Q にあるとき，$h' = 25.0\,\text{cm}$，$m = \frac{a}{b}$ より，$h' = \frac{a}{b}h = 25.0\,\text{cm}$ である．

よって，$h^2 = 25\,\text{cm}^2$ から，物体の大きさは $h = 5.0\,\text{cm}$ となる.

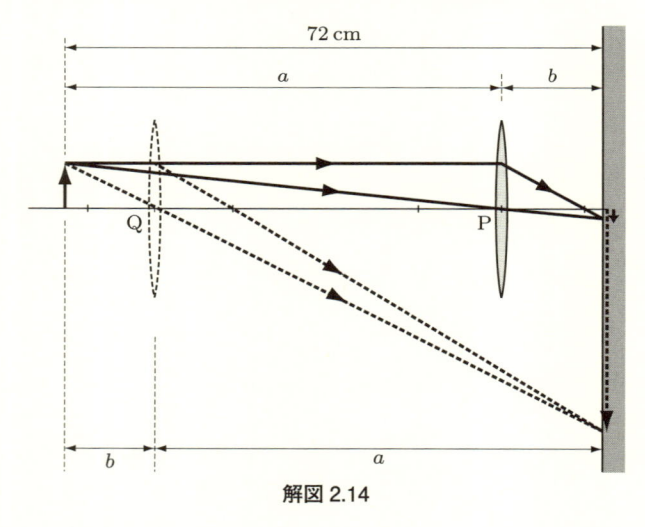

解図 2.14

(2) レンズが点 P にあるときの b を求める．(1) より，$h' = \frac{b}{72-b} \times 5.0 = 1.0\,\text{cm}$ となる．これから，点 P からスクリーンまでの距離 $b = 12\,\text{cm}$ となる.

(3) レンズが点 P にあるとき，$b = 12\,\text{cm}$ から，$a = 60\,\text{cm}$ である．$\frac{1}{f} = \frac{1}{a} + \frac{1}{b} = \frac{1}{60\,\text{cm}} + \frac{1}{12\,\text{cm}} = \frac{1}{10\,\text{cm}}$ から，凸レンズの焦点距離 $f = 10\,\text{cm}$ となる.

20 ①媒質　②周期　③振動数　④横波　⑤, ⑥縦波，疎密波

21 ①山　②谷　③独立性　④干渉　⑤定常波　⑥節　⑦腹

22 周期 $T = 0.40\,\text{s}$ から，振動数 $f = \frac{1}{T} = \frac{1}{0.40\,\text{s}} = 2.5\,\text{Hz}$ となる．また，波の基本式

より，波の速さ $v = f\lambda = 2.5\,\mathrm{Hz} \times 3.0\,\mathrm{m} = 7.5\,\mathrm{m/s}$ となる．

23　P 波の速さ $v_\mathrm{P} = 6.0 \times 10^3\,\mathrm{m/s}$，S 波の速さ $v_\mathrm{S} = 4.0 \times 10^3\,\mathrm{m/s}$ である．P 波，S 波がそれぞれ観測地点まで達するのにかかる時間を t_P，t_S とすると，$t_\mathrm{S} - t_\mathrm{P} = 25\,\mathrm{s}$ である．

震源から観測地点までの距離を L とすると，$t_\mathrm{P} = \dfrac{L}{v_\mathrm{P}}$，$t_\mathrm{S} = \dfrac{L}{v_\mathrm{S}}$ となる．したがって，$\dfrac{L}{v_\mathrm{S}} - \dfrac{L}{v_\mathrm{P}} = 25\,\mathrm{s}$ から，$L = \dfrac{v_\mathrm{S} v_\mathrm{P}}{v_\mathrm{P} - v_\mathrm{S}} \times 25\,\mathrm{s} = 3.0 \times 10^2\,\mathrm{km}$ となる．

（参考）実際の P 波の速さは 5〜7 km/s，S 波の速さは 3〜4 km/s である．P 波は縦波であり，S 波は横波である．

24　(1) 振幅 $A = 0.1\,\mathrm{m}$，波長 $\lambda = 0.4\,\mathrm{m}$，速さ $v = 2\,\mathrm{m/s}$ だから，振動数 $f = \dfrac{v}{\lambda} = \dfrac{2\,\mathrm{m/s}}{0.4\,\mathrm{m}} = 5\,\mathrm{Hz}$，周期 $T = \dfrac{1}{f} = \dfrac{1}{5\,\mathrm{Hz}} = 0.2\,\mathrm{s}$ である．

(2) 波の山や谷は x 軸の正の向きに進むから，時刻 $t = 0$ から微小な時間経過後の波形は解図 2.15 の破線で示される．そのため，$x = 0.2\,\mathrm{m}$ の点の媒質の速度の向きは y 軸の正の向きであり，$x = 0.4\,\mathrm{m}$ の点の媒質の速度の向きは y 軸の負の向きである．

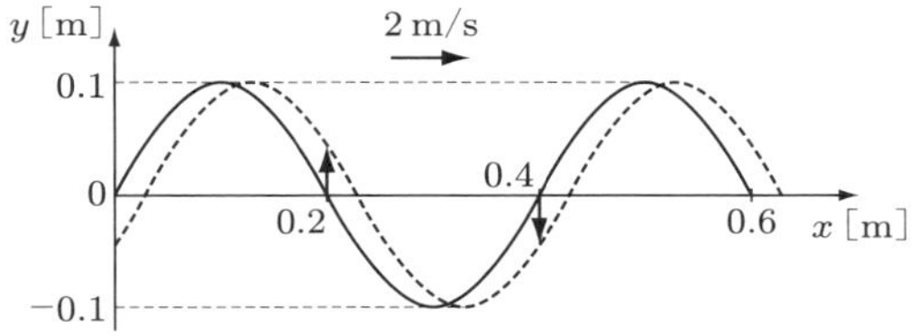

解図 2.15

(3) 0.05 s 間に，波の山や谷は x 軸の正の向きに $vt = 2\,\mathrm{m/s} \times 0.05\,\mathrm{s} = 0.1\,\mathrm{m}$ 進む．解図 2.16 のようになる．

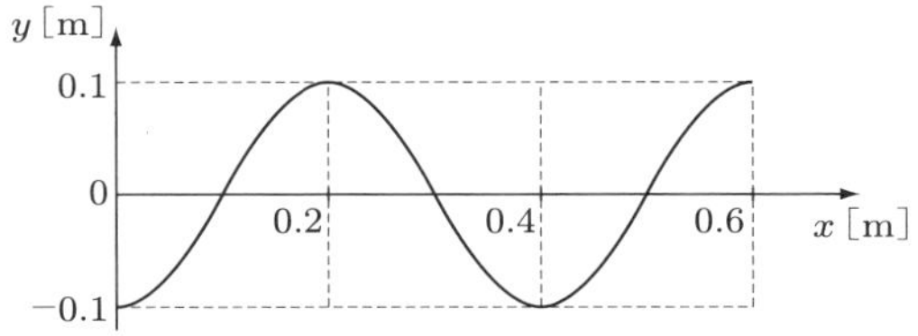

解図 2.16

(4) 解図 2.15 から，$x = 0$ の点の媒質は $t = 0$ の次の瞬間に y 軸の負の向きに動く．また，解図 2.16 から，$t = 0.05\,\mathrm{s}$ における $x = 0$ での変位は $y = -0.1\,\mathrm{m}$ である．よって，解図 2.17 のようになる．

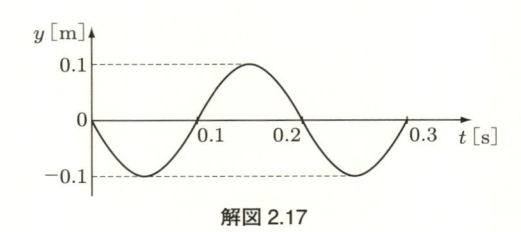

解図 2.17

25 振幅 $A =$ 0.30 m, 波長 $\lambda =$ 40 m, 速さ $v = \dfrac{10\,\mathrm{m}}{0.50\,\mathrm{s}} =$ 20 m/s, 振動数 $f = \dfrac{v}{\lambda} = \dfrac{20\,\mathrm{m/s}}{40\,\mathrm{m}} =$ 0.50 Hz, 周期 $T = \dfrac{1}{f} = \dfrac{1}{0.50\,\mathrm{Hz}} =$ 2.0 s となる.

26 この正弦波は初期位相がゼロで, x 軸の負の向きに伝わるから, 振幅を $A\,[\mathrm{m}]$, 周期を $T\,[\mathrm{s}]$, 波長を $\lambda\,[\mathrm{m}]$, 振動数を $f\,[\mathrm{Hz}]$, 速さを $v\,[\mathrm{m/s}]$ とすると,

$$y = A\sin\left\{\dfrac{2\pi}{T}\left(t + \dfrac{x}{v}\right)\right\}$$

と表される. 二つの式を比較すると, $A = 0.50$, $T = 2.0$, $f = \dfrac{1}{T} = 0.50$, $Tv = 0.40$ より, $v = \dfrac{0.40}{T} = 0.20$, $\lambda = \dfrac{v}{f} = \dfrac{0.20}{0.50} = 0.40$ となる. よって, 振幅 0.50 m, 周期 2.0 s, 波長 0.40 m, 振動数 0.50 Hz, 速さ 0.20 m/s となる.

27 (1) 解図 2.18 の①で, $y > 0$ のときは x 軸の正の向きの変位, $y < 0$ のときは x 軸の負の向きの変位だから, 横波を縦波で表すと図の②になる. そのため, 図中の a〜e の五つの点の中で媒質のもっとも疎な点は d である.
(2) 図の②より, 媒質のもっとも密な点は b である.
(3) 媒質の振動の速さがゼロとなる点は変位 y が最大かまたは最小の点だから, a, c, e である.
(4) 媒質の振動の速さが最大になるのは, 変位 y がゼロの点, つまり b と d である. 図の③の横波の破線は, 実線の横波の波形の時刻から微小な時間が経過した後の波形であ

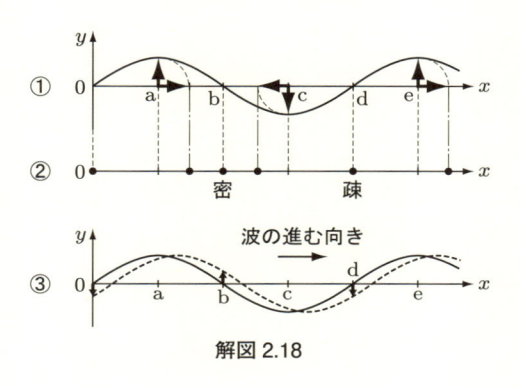

解図 2.18

る．この図から，点 b, d のうち，次の瞬間，y 軸の負の向きに振動するのは点 d である．したがって，縦波で x 軸の負の向きの媒質の振動の速さが最大の点は d である．

28 波の重ね合わせの原理より，解図 2.19 の BB′HC′C の太線が合成波である．

29 端がなければ，時刻 $t = \dfrac{3T}{2}$ に波は $\dfrac{3\lambda}{2}$ だけ進む．λ は波長である．解図 2.20 のようになる．

(1) 自由端の場合は，端の右側の波を端に対してそのまま 180° 折り返した波が反射波である．入射波と反射波が重なり合って合成波をつくる．

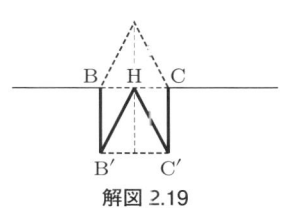

(2) 固定端の場合は，端の右側の波をまず水平軸に対して反転し，その波を端に対してそのまま 180° 折り返した波が反射波である．

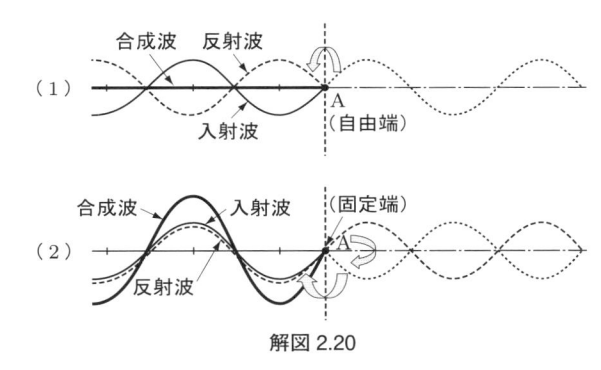

解図 2.19

解図 2.20

30 問題中の「ある時刻」を $t = 0$ とする．波の周期を T として，$t = 0$，$t = \dfrac{T}{4}$，$t = \dfrac{T}{2}$ における合成波を解図 2.21 に太線で示す．

この図から，定常波の腹の位置は b, d, f であり，節の位置は a, c, e, g である．

31 定常波の振幅は進行波の振幅の 2 倍だから，3.0 cm である．また，定常波の隣り合う腹と腹の間隔は進行波の波長の $\dfrac{1}{2}$ だから，4.0 cm である．

解図 2.21

32 ① 位相　② 波面　③ ホイヘンス　④ 素元波　⑤ 垂直　⑥ 回折　⑦ 波長　⑧ 速さ

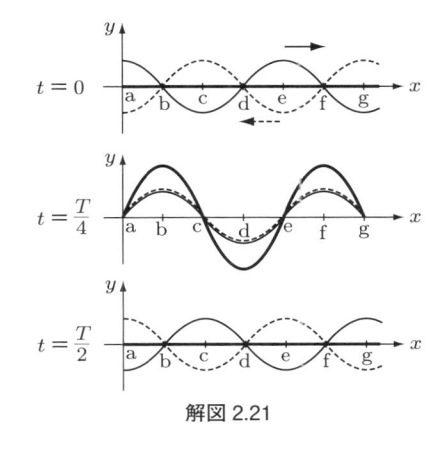

33 (1) 解図 2.22 の実線は波の山，破線は波の谷を表す．波長 $\lambda = 2.0$ cm，$|\overline{S_1 P} - \overline{S_2 P}| = 2.0$ cm $= \lambda$ だから，点 P では山と山が重なり合って，二つの波は強め合う．そして，

点 P での最大振幅は 2.0 cm である．

(2) $|\overline{S_1Q} - \overline{S_2Q}| = 1.0 \text{ cm} = \dfrac{\lambda}{2}$ だから，点 Q では谷と山が重なり合って，二つの波は弱め合う．そして，点 Q での最大振幅は 0 cm である．

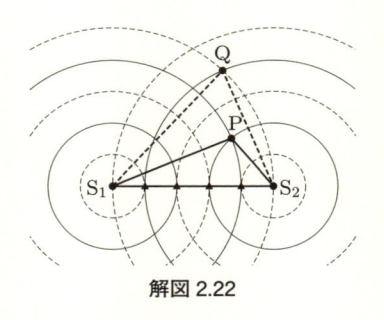

(3) 線分 S_1S_2 上で，点 S_1, S_2 からの距離の差が半波長（1.0 cm）の奇数倍である点はまったく振動しない．このような点は，図に示す線分 S_1S_2 上で点 S_1 からの距離が 1.0 cm, 2.0 cm, 3.0 cm, 4.0 cm の 4 個の点である．

解図2.22

34 解図 2.23 のように点 C, D, E をとる．媒質Ⅰに対する媒質Ⅱの相対屈折率 $n_{12} = 2.0$，媒質Ⅰでの波の速さを v_1，媒質Ⅱでの波の速さを v_2 とすると，$n_{12} = \dfrac{v_1}{v_2} = 2.0$ だから，$v_2 = \dfrac{1}{2}v_1$ である．このため，波が媒質Ⅰの中の距離 $\overline{BE}$ を進む間に，波は媒質Ⅱの中を $\dfrac{1}{2}\overline{BE}$ だけ進む．したがって，媒質Ⅱの中で点 A を中心とする半径 $\dfrac{1}{2}\overline{BE}$ の半円を描き，点 E からその半円に接線を引く．その接点をFとする．直線 EF が点 E を通る屈折波の波面であり，直線 AF が屈折波の射線である．

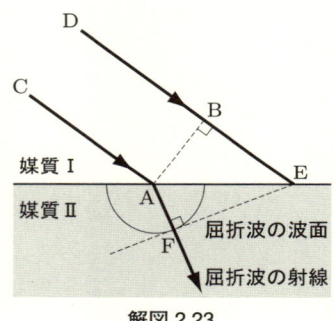

解図2.23

35 (1) 波面は波の進行方向を表す線（射線）に垂直である．入射波の波面と屈折波の波面を解図 2.24 に破線で示す．

(2) 入射角 $i = 30°$，屈折角 $r = 60°$ だから，媒質Ⅰに対するⅡの相対屈折率 $n_{12} = \dfrac{\sin i}{\sin r}$
$= \dfrac{\sin 30°}{\sin 60°} = \dfrac{1}{\sqrt{3}} = \dfrac{\sqrt{3}}{3} \fallingdotseq 0.58$ となる．

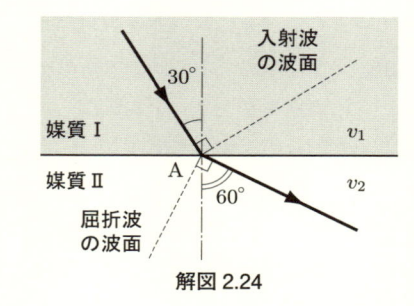

(3) 媒質Ⅰでの波の速さ $v_1 = 3.0$ m/s，波長 $\lambda_1 = 0.40$ m である．媒質Ⅱでの波の速さを v_2，波長を λ_2 とすると，$n_{12} = \dfrac{v_1}{v_2} = \dfrac{\lambda_1}{\lambda_2}$ だから，

$$v_2 = \dfrac{v_1}{n_{12}} = \dfrac{3.0 \text{ m/s}}{\dfrac{1}{\sqrt{3}}} = 3\sqrt{3} \text{ m/s} \fallingdotseq 5.2 \text{ m/s}$$

$$\lambda_2 = \dfrac{\lambda_1}{n_{12}} = \dfrac{0.40 \text{ m}}{\dfrac{1}{\sqrt{3}}} = 0.4\sqrt{3} \text{ m} \fallingdotseq 0.69 \text{ m}$$

解図2.24

となる．媒質Ⅱでの波の振動数 f_2 は，媒質Ⅰでの波の振動数 f_1 に等しいから，$v_1 = f_1\lambda_1$ より，$f_2 = f_1 = \dfrac{v_1}{\lambda_1} = \dfrac{3.0\,\mathrm{m/s}}{0.40\,\mathrm{m}} = 7.5\,\mathrm{Hz}$ となる．

36 媒質Ⅰでの波の速さを v_1，媒質Ⅱでの波の速さを v_2 とする．$n_{12} = \dfrac{v_1}{v_2}$，$n_{21} = \dfrac{v_2}{v_1}$ だから，$n_{21} = \dfrac{1}{n_{12}}$ である．

37 (1) 媒質Ⅰに対する媒質Ⅱの相対屈折率 $n_{12} = 1.5$ である．$n_{12} = \dfrac{\sin i}{\sin r}$ より，$\sin r = \dfrac{\sin i}{n_{12}} = \dfrac{\sin 30^\circ}{1.5} = \dfrac{1}{3.0}$ となる．これから，$r \fallingdotseq 19^\circ$ となる．

(2) 媒質Ⅱにおける波の波長 $\lambda_2 = 3.0\,\mathrm{m}$，媒質Ⅰにおける波の波長を λ_1 とする．$n_{12} = \dfrac{\lambda_1}{\lambda_2}$ だから，$\lambda_1 = n_{12}\lambda_2 = 1.5 \times 3.0\,\mathrm{m} = 4.5\,\mathrm{m}$ となる．

(3) 波が媒質Ⅱから媒質Ⅰに入射するときの臨界角を i_c とする．$\sin i_\mathrm{c} = \dfrac{1}{n_{12}} = \dfrac{1}{1.5} \fallingdotseq 0.666$ から，$i_\mathrm{c} \fallingdotseq 42^\circ$ となる．

したがって，波が媒質Ⅱから媒質Ⅰに進むとき，入射角 i が 42° より大きければ，波は境界面で全反射する．そのため，波が媒質Ⅰに入るためには，入射角 i が 42° より小さくなければならない．

38 空気中での音速 $v_1 = 340\,\mathrm{m/s}$，水中での音速 $v_2 = 1500\,\mathrm{m/s}$ である．空気に対する水の相対屈折率 $n_{12} = \dfrac{v_1}{v_2} = \dfrac{340\,\mathrm{m/s}}{1500\,\mathrm{m/s}} \fallingdotseq 0.2266$ となる．

音波が空気中から水中に入るときの臨界角を i_c とすると，$\sin i_\mathrm{c} = n_{12} = 0.2266$ より，$i_\mathrm{c} \fallingdotseq 13.1^\circ$ となる．

そのため，音波が空気中から水中に入るためには，入射角 i が 13.1° より小さくなければならない．

39 ① 振動数　② 高い　③ 低い　④ 20　⑤ 20　⑥ 超音波　⑦ 超低周波音　⑧ エネルギー　⑨ 振幅　⑩ 波形　⑪ 純音

40 15 ℃の空気中の音速 $V = (331.5 + 0.6 \times 15)\,\mathrm{m/s} \fallingdotseq 341\,\mathrm{m/s}$ となる．

41 光の速さは $3.0 \times 10^8\,\mathrm{m/s}$ であり，音速よりも非常に大きい．そのため，雷が落ちると同時に稲妻がみえると考えてよい．したがって，観測者から落雷地点までの距離は，$340\,\mathrm{m/s} \times 6.0\,\mathrm{s} \fallingdotseq 2.0\,\mathrm{km}$ である．

42 水中での音速 $v = 1500\,\mathrm{m/s}$，超音波の振動数 $f = 1.00 \times 10^5\,\mathrm{Hz}$ である．波長を λ とすると，波の基本式 $v = f\lambda$ より，$\lambda = \dfrac{v}{f} = \dfrac{1.500 \times 10^3\,\mathrm{m/s}}{1.00 \times 10^5\,\mathrm{Hz}} = 1.50 \times 10^{-2}\,\mathrm{m} = 1.50\,\mathrm{cm}$ となる．

43 低い声の振動数 $f = 200\,\mathrm{Hz}$ である．この声よりも 2 オクターブ高い声の振動数は $2^2 f$ だから，$4 \times 200\,\mathrm{Hz} = 800\,\mathrm{Hz}$ である．

解答

44 音波の強さは波のエネルギーに関係する．したがって，音波の強さは波の振動数の2乗と振幅の2乗に比例する．そのため，$3^2 \times 2^2 =$ 36 倍 となる．

45 1秒間あたり聞こえるうなりの回数 $n = |f_1 - f_2| = |500 - 503|\,\text{Hz} = 3\,\text{Hz}$ である．よって，1秒間あたり聞こえるうなりの回数は 3 回 となる．

46 不明なおんさの振動数を f とする．

$$|f - 422\,\text{Hz}| = 1\,\text{Hz} \text{ より，} f = 421\,\text{Hz} \text{ または } 423\,\text{Hz}$$

$$|f - 426\,\text{Hz}| = 3\,\text{Hz} \text{ より，} f = 423\,\text{Hz} \text{ または } 429\,\text{Hz}$$

となる．二つの実験結果を満たすためには，$f =$ 423 Hz となる．

47 経路 CAD を進む音波と経路 CBD を進む音波が点 D で干渉して，音が大きく聞こえたり小さく聞こえたりする．波長 λ の二つの音波の経路差を Δ とすると，$\Delta = m\lambda$ のとき強め合い，$\Delta = \left(m + \dfrac{1}{2}\right)\lambda$ のとき弱め合う．

最初，音が大きく聞こえたのは $\Delta = 0$，つまり $m = 0$ のときであり，次に音が聞こえなくなったのは $\Delta = \dfrac{1}{2}\lambda$ のときである．このとき，$\Delta = 17.0\,\text{cm} \times 2 = 34.0\,\text{cm}$ である．したがって，$\dfrac{1}{2}\lambda = 34.0\,\text{cm}$，$\lambda = 68.0\,\text{cm}$ である．波の基本式 $v = f\lambda$ より，$f = \dfrac{v}{\lambda} = \dfrac{340\,\text{m/s}}{0.680\,\text{m}} =$ 500 Hz となる．

48 弦の線密度 $\sigma = 5.0 \times 10^{-3}\,\text{kg/m}$，張力の大きさ $S = 400\,\text{N}$ である．よって，波の速さ v は次のようになる．

$$v = \sqrt{\dfrac{S}{\sigma}} = \sqrt{\dfrac{400\,\text{N}}{5.0 \times 10^{-3}\,\text{kg/m}}} = 2\sqrt{2} \times 10^2\,\text{m/s} \fallingdotseq 2.8 \times 10^2\,\text{m/s}$$

49 弦の線密度 $\sigma = 4.9 \times 10^{-4}\,\text{kg/m}$，壁から滑車までの弦の長さ $L = 0.75\,\text{m}$，おもりの質量 $M = 4.5\,\text{kg}$，重力加速度の大きさ $g = 9.8\,\text{m/s}^2$，張力の大きさ $S = Mg$ である．よって，弦を伝わる波の速さ v は，

$$v = \sqrt{\dfrac{S}{\sigma}} = \sqrt{\dfrac{Mg}{\sigma}} = \sqrt{\dfrac{4.5\,\text{kg} \times 9.8\,\text{m/s}^2}{4.9 \times 10^{-4}\,\text{kg/m}}} = 3.0 \times 10^2\,\text{m/s}$$

となり，基本振動の波長 $\lambda = 2L = 2 \times 0.75\,\text{m} =$ 1.5 m となる．

基本振動の波長 λ と振動数 f は，弦を伝わる波の波長と振動数にそれぞれ等しい．波の基本式 $v = f\lambda$ より，$f = \dfrac{v}{\lambda} = \dfrac{3.0 \times 10^2\,\text{m/s}}{1.5\,\text{m}} =$ 2.0×10^2 Hz となる．

50 (1) 電磁おんさの先端から滑車までの長さ $L = 90\,\text{cm}$ である．よって，定常波の波長 $\lambda = \dfrac{2}{3}L = \dfrac{2}{3} \times 90\,\text{cm} =$ 60 cm となる．

(2) 電磁おんさの振動数 $f = 300$ Hz である．この配置では，定常波の振動数は電磁おんさの振動数 f に等しい．波の基本式より，弦を伝わる波の速さ $v = f\lambda = 300$ Hz × 0.60 m = $\underline{1.8 \times 10^2 \text{ m/s}}$ となる．

(3) おもりの質量は同じだから，弦を伝わる波の速さは変わらない．また，定常波の振動数も変わらないから，腹が2個の定常波の波長は $\lambda = 60$ cm のままである．そのため，電磁おんさの先端から滑車までの長さを $\underline{60 \text{ cm}}$ にすればよい．

(4) 定常波の腹が3個のとき，おもりの質量 $M = 0.64$ kg，弦の張力の大きさ $S = Mg$ で，弦の線密度を σ とすると，弦を伝わる波の速さ $v = \sqrt{\dfrac{S}{\sigma}} = \sqrt{\dfrac{Mg}{\sigma}}$ である．

電磁おんさの先端から滑車までの長さ $L = 90$ cm に対して，腹が4個の定常波の波長 $\lambda' = \dfrac{1}{2}L = \dfrac{3}{4}\lambda$ となり，このときの弦を伝わる波の速さは $v' = f\lambda' = \dfrac{3}{4}f\lambda = \dfrac{3}{4}v$ となる．また，このときのおもりの質量を M' とすると，$v' = \sqrt{\dfrac{M'g}{\sigma}}$ である．よって，$\sqrt{\dfrac{M'g}{\sigma}} = \dfrac{3}{4}\sqrt{\dfrac{Mg}{\sigma}}$ となり，両辺を2乗すると，$M' = \dfrac{9}{16}M = \dfrac{9}{16} \times 0.64$ kg $= \underline{0.36 \text{ kg}}$ となる．

51 (1) 管口からピストンまでの気柱の固有振動数が，スピーカーからの音波の振動数 f に一致するとき，共鳴が起こる．そのとき，ピストンの位置は気柱の定常波の節になる．解図 2.25 のように，管口から第1共鳴点 P_1 までの長さ $L_1 = 12.0$ cm，第2共鳴点 P_2 までの長さ $L_2 = 37.0$ cm である．

音波の波長 λ は気柱の定常波の波長に等しい．$L_2 - L_1 = \dfrac{\lambda}{2}$ より，$\lambda = 2(L_2 - L_1) = 2 \times (37.0 - 12.0)$ cm $= \underline{50.0 \text{ cm}}$ となる．

解図 2.25

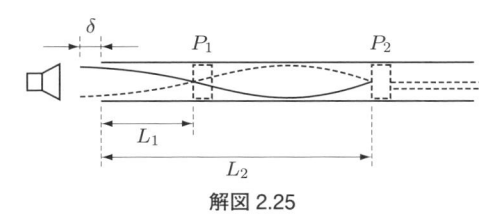

(2) 音速 $V = 340$ m/s，波の基本式 $V = f\lambda$ より，$f = \dfrac{V}{\lambda} = \dfrac{340 \text{ m/s}}{0.500 \text{ m}} = \underline{680 \text{ Hz}}$ となる．

(3) 解図 2.25 より，開口端補正 $\delta = \dfrac{\lambda}{4} - L_1 = \left(\dfrac{50.0}{4} - 12.0\right)$ cm $= \underline{0.5 \text{ cm}}$ となる．

52 (1) このとき，解図 2.26 のように管の両端 a, e は定常波の腹であり，管の中央 c は節である．この定常波（基本振動）の波長を λ_1，振動数を f_1 とする．

管の長さ $L = 0.680$ m に対して，図より $\dfrac{\lambda_1}{4} \times 2 = L$ だから，$\lambda_1 = 2L$ となる．ま

た，管を伝わる音波の速さは $V = f_1\lambda_1 = 340\,\text{m/s}$ だから，次のようになる．

$$f_1 = \frac{V}{\lambda_1} = \frac{V}{2L} = \frac{340\,\text{m/s}}{2 \times 0.680\,\text{m}} = \boxed{250\,\text{Hz}}$$

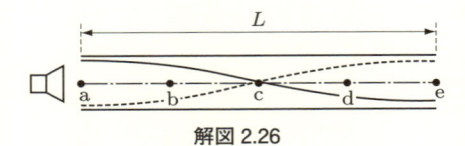

解図 2.26

(2) このとき，解図 2.27 のように管の両端 a, e と中央 c は定常波の腹であり，b, d は節である．この定常波（2倍振動）の波長を λ_2，振動数を f_2 とする．

$\dfrac{\lambda_2}{4} \times 4 = L$ より，$\lambda_2 = L$ である．また，管を伝わる音波の速さは $V = f_2\lambda_2$ だから，

$$f_2 = \frac{V}{\lambda_2} = \frac{V}{L} = 2f_1 = 2 \times 250\,\text{Hz} = \boxed{500\,\text{Hz}}$$

となる．定常波の節 b, d では，空気は振動しないが，密と疎を交互に繰り返すので，空気の密度の変化がもっとも激しい．

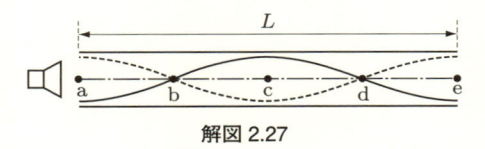

解図 2.27

53 (1) 特急電車（音源）の速さを u [m/s]，普通電車（観測者）の速さを v [m/s]，音速を V [m/s]，特急電車が出す警笛音の振動数を f [Hz] とする．$144\,\text{km/h} = 40\,\text{m/s}$，$36\,\text{km/h} = 10\,\text{m/s}$ だから，$u = 40$，$v = 10$，$V = 340$，$f = 760$ である．

特急電車と普通電車が近づくとき，それぞれの電車と音波の1秒後の位置を解図 2.28 (a) に示す．このとき，普通電車の乗客が聞く音の波長を λ_1 [m]，振動数を f_1 [Hz] とする．図より，

$$\lambda_1 = \frac{V-u}{f} = \frac{340-40}{760} \fallingdotseq 0.395, \quad f_1 = \frac{V+v}{\lambda_1} = \frac{340+10}{0.3947} \fallingdotseq 887$$

であるから，波長は $\boxed{0.395\,\text{m}}$，振動数は $\boxed{887\,\text{Hz}}$ となる．

(2) 特急電車と普通電車が遠ざかるとき，それぞれの電車と音波の1秒後の位置を解図 (b) に示す．このとき，普通電車の乗客が聞く音の波長を λ_2 [m]，振動数を f_2 [Hz] とする．図より，

$$\lambda_2 = \frac{V+u}{f} = \frac{340+40}{760} = 0.500, \quad f_2 = \frac{V-v}{\lambda_2} = \frac{340-10}{0.500} = 660$$

であるから，波長は $\boxed{0.500\,\text{m}}$，振動数は $\boxed{660\,\text{Hz}}$ となる．

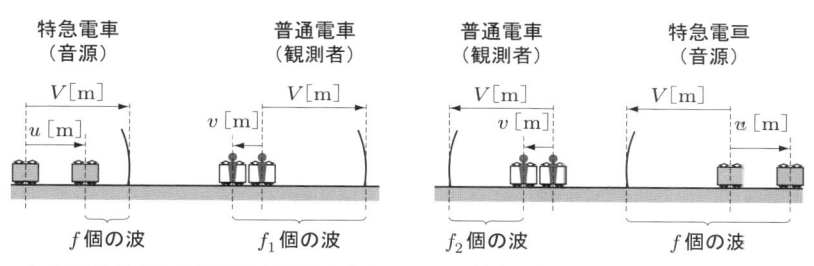

(a) 特急電車と普通電車が近づくとき　(b) 特急電車と普通電車が遠ざかるとき

解図 2.28

54 (1) おんさの速さを u [m/s], 音速を V [m/s], おんさが出す音の振動数を f [Hz] とする. $u = 2.0$, $V = 340$, $f = 500$ である.

おんさから観測者に直接達する音波とおんさの 1 秒後の位置を解図 2.29 (a) に示す. このとき, 観測者が聞く音の波長を λ_1 [m], 振動数を f_1 [Hz] とする. 図より,

$$\lambda_1 = \frac{V+u}{f}, \quad f_1 = \frac{V}{\lambda_1} = \frac{V}{V+u}f = \frac{340}{340+2.0} \times 500 \fallingdotseq 497$$

であるから, 観測者がおんさから直接聞く音の振動数は **497 Hz** である.

(2) これは, おんさが速さ u [m/s] で観測者に近づく場合と同じである. このときの音波とおんさの 1 秒後の位置を解図 (b) に示す. 図の P′ はおんさが点 P にあるときの壁に対称な位置である. また, 観測者が聞く音の波長を λ_2 [m], 振動数を f_2 [Hz] とする. 図より,

$$\lambda_2 = \frac{V-u}{f}, \quad f_2 = \frac{V}{\lambda_2} = \frac{V}{V-u}f = \frac{340}{340-2.0} \times 500 \fallingdotseq 503$$

であるから, 壁で反射してから観測者が聞く音の振動数は **503 Hz** である.

(3) 観測者が 1 秒間あたりに聞くうなりの回数 n は, $f_2 > f_1$ だから, $n = f_2 - f_1 = 6$ Hz となる. つまり, 1 秒間に **6 回** のうなりが聞こえる.

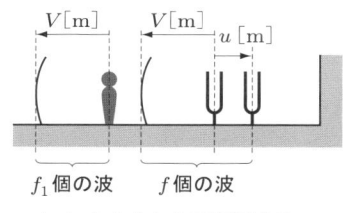

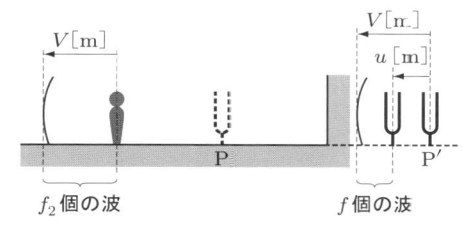

(a) おんさから直接聞く音　(b) 壁に反射してから聞く音

解図 2.29

55 (1) パトカーの速さを u [m/s], 音速を V [m/s], 風速を w [m/s], サイレンの音の

振動数を f [Hz] とすると,$u=30$,$V=340$,$w=10$,$f=640$ である.

パトカーが観測者に近づくとき,パトカーと音波の1秒後の位置を解図 2.30(a) に示す.このとき,音波は観測者に向かって $(V+w)$ [m/s] の速さで伝わるので,観測者が聞くサイレンの音の波長を λ_1 [m],振動数を f_1 [Hz] とすると,図より,

$$\lambda_1 = \frac{V+w-u}{f},$$

$$f_1 = \frac{V+w}{\lambda_1} = \frac{V+w}{V+w-u}f = \frac{340+10}{340+10-30} \times 640 = 700$$

であるから,観測者が聞くサイレンの音の振動数は 700 Hz である.

(2) パトカーが観測者から遠ざかるとき,パトカーと音波の1秒後の位置を解図 (b) に示す.このとき,音波は観測者に向かって $(V-w)$ [m/s] の速さで伝わるので,観測者が聞くサイレンの音の波長を λ_2 [m],振動数を f_2 [Hz] とすると,図より,

$$\lambda_2 = \frac{V-w+u}{f},$$

$$f_2 = \frac{V-w}{\lambda_2} = \frac{V-w}{V-w+u}f = \frac{340-10}{340-10+30} \times 640 ≒ 587$$

であるから,観測者が聞くサイレンの音の振動数は 587 Hz である.

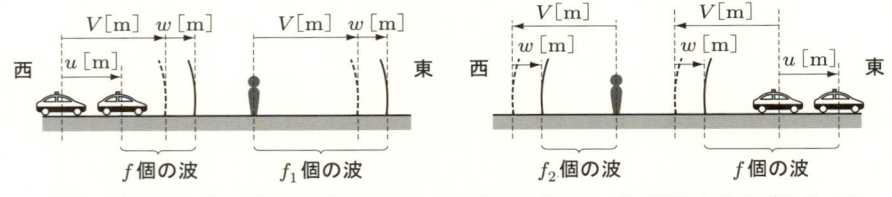

(a) パトカーが観測者に近づくとき　　(b) パトカーが観測者から遠ざかるとき

解図 2.30

56 ① 粒子　② 波動　③,④ 干渉,回折　⑤ 電磁波　⑥ 可視光線　⑦ 380　⑧ 770　⑨ 紫外線　⑩ 赤外線　⑪ プリズム　⑫ 分光器　⑬ スペクトル　⑭ 連続　⑮ 線　⑯ フラウンホーファー線　⑰ 分散　⑱ 大きい　⑲ 小さく

57 ① 横波　② 垂直　③ 特定の方向　④ 偏光　⑤ あらゆる方向　⑥ 自然光

58 空気中の光の波長 $\lambda = 532$ nm $= 5.32 \times 10^{-7}$ m,光の速さ $c = 3.00 \times 10^8$ m/s である.水中での光の速さを v,波長を λ',振動数を f とする.水の屈折率 $n = 1.33$ は,$n = \dfrac{c}{v} = \dfrac{\lambda}{\lambda'}$ だから,

$$v = \frac{c}{n} = \frac{3.00 \times 10^8 \, \text{m/s}}{1.33} ≒ 2.3 \times 10^8 \, \text{m/s}, \quad \lambda' = \frac{\lambda}{n} = \frac{532 \, \text{nm}}{1.33} = 400 \, \text{nm}$$

となる.水中での振動数 f は,空気中での振動数に等しいから,波の基本式 $c = f\lambda$ よ

り，次のようになる．

$$f = \frac{c}{\lambda} = \frac{3.00 \times 10^8 \,\text{m/s}}{5.32 \times 10^{-7} \,\text{m}} \fallingdotseq 5.64 \times 10^{14} \,\text{Hz}$$

59 (1) レーザー光が複スリットに垂直に入射するから，スリット S_1，S_2 での光の位相は等しい．そのため，点 P に達する二つの光の光路差は $\Delta = |\overline{S_1P} - \overline{S_2P}| \fallingdotseq \dfrac{xd}{L}$ であり，$\Delta = m\lambda$ のときスクリーン上で明線となる．これから，隣り合う明線の間隔は，次のようになる．

$$\delta = \frac{\lambda L}{d} = \frac{6.00 \times 10^{-7} \,\text{m} \times 2.0 \,\text{m}}{5.0 \times 10^{-4} \,\text{m}} = 2.4 \times 10^{-3} \,\text{m} = 2.4 \,\text{mm}$$

(2) ガラスの屈折率 $n = 1.5$，二つの光の光路差 $\Delta' = n|\overline{S_1P} - \overline{S_2P}| \fallingdotseq n \cdot \dfrac{xd}{L}$ であるから，隣り合う明線の間隔 $\delta' = \dfrac{\lambda L}{nd} = \dfrac{\delta}{n} = \dfrac{2.4 \,\text{mm}}{1.5} = 1.6 \,\text{mm}$ となる．

(3) ナトリウムランプのような通常の光源からの光は位相がそろっていない．そのため，スリット S_1，S_2 にいろいろな位相の光が到達するので，干渉縞はみえにくくなる．

60 光の波長 $\lambda = 6.33 \times 10^{-7}$ m，回折格子とスクリーンの間隔 $L = 3.0$ m，隣り合う明るい点の間隔 $\delta = 9.5 \times 10^{-2}$ m である．回折格子の格子定数 d，m 次の回折角 θ_m，スクリーン上での 0 次と m 次の明るい点の間隔 x_m とすると，$d \sin \theta_m = m\lambda$ である．ここで，解図 2.31 より，θ_m は微小な角度だから，$\sin \theta_m \fallingdotseq \tan \theta_m = \dfrac{x_m}{L}$ となる．よって，$d \dfrac{x_m}{L} = m\lambda$ から，

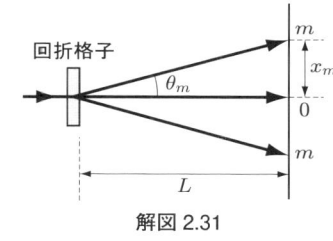

$$x_m = m \frac{\lambda L}{d}, \quad \delta = x_{m+1} - x_m = \frac{\lambda L}{d}$$

となる．よって，次のようになる．

$$d = \frac{\lambda L}{\delta} = \frac{6.33 \times 10^{-7} \,\text{m} \times 3.0 \,\text{m}}{9.5 \times 10^{-2} \,\text{m}} \fallingdotseq 2.0 \times 10^{-5} \,\text{m}$$

解図 2.31

61 膜の厚さ d とする．膜の屈折率 $n = 1.2$，光の波長 $\lambda = 589$ nm である．膜の屈折率は空気の屈折率より大きいので，解図 2.32 の点 A での反射光は入射光に対して位相が π rad だけ変化する．しかし，図の点 B での反射光は入射光に対して位相が変化しない．そのため，反射による二つの光の位相差は π rad である．この位相差は $\dfrac{\lambda}{2}$ の光路差に相当する．これから，反

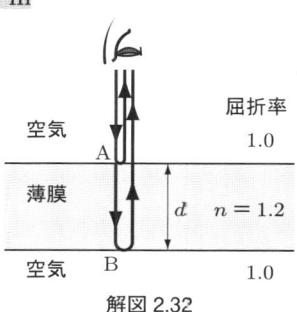

解図 2.32

射による位相変化の寄与を含めると，二つの反射光の光路差は $\Delta = 2dn + \dfrac{\lambda}{2}$ である．そして，$\Delta = \left(m + \dfrac{1}{2}\right)\lambda$ のとき，二つの反射光は弱め合う．$2dn + \dfrac{\lambda}{2} = \left(m + \dfrac{1}{2}\right)\lambda$ から，$d = m\dfrac{\lambda}{2n}$ であり，$m = 1$ のとき d は最小である．よって，$d = \dfrac{\lambda}{2n} = \dfrac{589\,\mathrm{nm}}{2 \times 1.2} \fallingdotseq 2.5 \times 10^2\,\mathrm{nm}$ となる．

62 油膜の厚さ $d = 90\,\mathrm{nm}$，屈折率 $n = 1.42$，可視部の白色光の波長 λ は，$380\,\mathrm{nm} < \lambda < 770\,\mathrm{nm}$ である．油膜の屈折率は空気の屈折率より大きいので，解図 2.33 の点 A での反射光は入射光に対して位相が $\pi\,\mathrm{rad}$ だけ変化する．しかし，水の屈折率は油膜の屈折率より小さいので，図の点 B での反射光は入射光に対して位相が変化しない．そのため，反射による二つの光の位相差は $\pi\,\mathrm{rad}$ である．この位相差は $\dfrac{\lambda}{2}$ の光路差に相当する．これから，反射による位相変化の寄与を含めると，二つの反射光の光路差は $\Delta = 2dn + \dfrac{\lambda}{2}$ である．そして，$\Delta = m\lambda$ のとき，二つの反射光は強め合う．$2dn + \dfrac{\lambda}{2} = m\lambda$ から，$\lambda = \dfrac{4dn}{2m - 1}$ となる．$m = 1$ のとき，$\lambda = 4dn = 4 \times 90\,\mathrm{nm} \times 1.42 \fallingdotseq 5.1 \times 10^2\,\mathrm{nm}$ となり，これは緑色の光である．$m = 2$ のとき，$\lambda = \dfrac{4dn}{3} \fallingdotseq 1.7 \times 10^2\,\mathrm{nm}$ となり，これは紫外線だからみえない．したがって，緑色の光が強く反射して，油膜は緑色に見える．

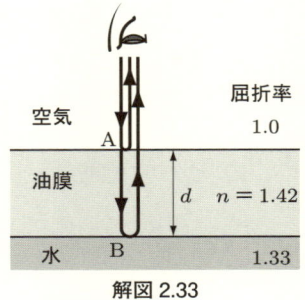

63 屈折角を r，油膜の厚さを d とする．光の波長 $\lambda = 589\,\mathrm{nm}$，油膜の屈折率 $n = 1.42$，入射角 $i = 45°$ である．解図 2.34 において，A → C → B′ → E と進む光と A′ → B′ → E と進む光の二つの光が干渉する．油膜の屈折率 n は空気や水の屈折率やより大きいので，点 B′ では反射光の位相は入射光に比べて $\pi\,\mathrm{rad}$ だけ変化するが，点 C では反射光の位相は変化しない．そのため，点 B′ と点 C での反射による二つの光の位相差 $\pi\,\mathrm{rad}$ は，$\dfrac{\lambda}{2}$ の光路差に相当する．

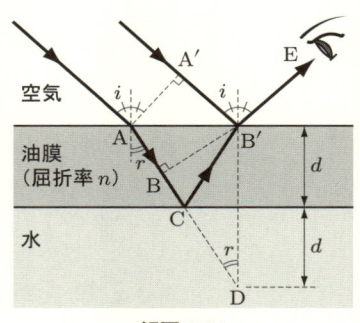

したがって，二つの反射光の光路差 Δ は，解図より，$\Delta = n \cdot 2d \cos r + \dfrac{\lambda}{2}$ である．

$\Delta = m\lambda$ のとき，二つの反射光は強め合って明るい．$n \cdot 2d\cos r + \dfrac{\lambda}{2} = m\lambda$ だから，二つの反射光が強め合うときの油膜の厚さは，$d = \left(m - \dfrac{1}{2}\right)\dfrac{\lambda}{2n\cos r}$ である．これから，$m = 1$ のとき d は最小で，その値は $d = \dfrac{\lambda}{4n\cos r}$ である．

ところで，$n = \dfrac{\sin i}{\sin r}$ だから，$\sin r = \dfrac{\sin i}{n} = \dfrac{\sin 45°}{1.42} \fallingdotseq 0.498$ である．$\sin^2 r + \cos^2 r = 1$ より，$\cos r \fallingdotseq 0.867$ である．よって，$d = \dfrac{5.89 \times 10^{-7}\,\text{m}}{4 \times 1.42 \times 0.867} \fallingdotseq \boxed{1.2 \times 10^2\,\text{nm}}$ となる．

64 光の波長を λ とする．平凸レンズの凸部の曲率半径 $R = 2.5\,\text{m}$，m 次の暗環の半径 $r_m = 2.8 \times 10^{-3}\,\text{m}$，$(m+5)$ 次の暗環の半径 $r_{m+5} = 3.8 \times 10^{-3}\,\text{m}$ である．

$r_m = \sqrt{m\lambda R}$ だから，$r_{m+5} = \sqrt{(m+5)\lambda R}$ である．$(r_{m+5})^2 - (r_m)^2 = 5\lambda R$ より，λ は次のようになる．

$$\lambda = \dfrac{(r_{m+5})^2 - r_m^2}{5R} = \dfrac{(r_{m+5} + r_m)(r_{m+5} - r_m)}{5R}$$

$$= \dfrac{(6.6 \times 10^{-3}\,\text{m}) \times (1.0 \times 10^{-3}\,\text{m})}{5 \times 2.5\,\text{m}} \fallingdotseq 5.3 \times 10^{-7}\,\text{m} = \boxed{5.3 \times 10^2\,\text{nm}}$$

65 (1) ガラス板の長さ $L = 0.20\,\text{m}$，毛髪の断面（円）の直径 $D = 4.0 \times 10^{-5}\,\text{m}$，光の波長 $\lambda = 5.89 \times 10^{-7}\,\text{m}$ である．

解図 2.35 のように，ガラス板の左端から距離 x の位置での空気層 AB の厚さを d とする．三角形の相似より，$\dfrac{d}{x} = \dfrac{D}{L}$ だから，$d = \dfrac{D}{L}x$ である．$D \ll L$ だから反射光はほぼ真上に進み，上のガラス板の下面で反射する光と下のガラス板の上面で反射する光が干渉する．このとき，点 A で反射する光は反射によって位相が変化しないが，点 B で反射する光は反射によって位相が $\pi\,\text{rad}$ だけ変化する．そのため，反射による二つの光の位相差は $\pi\,\text{rad}$ である．この位相差は $\dfrac{\lambda}{2}$ の光路差に相当する．

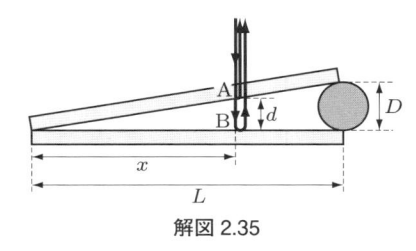

解図 2.35

これから，反射による位相変化の寄与を含めると，二つの反射光の光路差は $\Delta = 2d + \dfrac{\lambda}{2}$ である．そして，$\Delta = m\lambda$ のとき二つの反射光は強め合う．したがって，m 次の明線の位置を x_m とすると，$x_m = \left(m - \dfrac{1}{2}\right)\dfrac{L\lambda}{2D}$ である．よって，隣り合う明線の間隔 δ は，次のようになる．

$$\delta = x_{m+1} - x_m = \dfrac{L\lambda}{2D} = \dfrac{0.20\,\text{m} \times 5.89 \times 10^{-7}\,\text{m}}{2 \times 4.0 \times 10^{-5}\,\text{m}} \fallingdotseq \boxed{1.5\,\text{mm}}$$

(2) パラフィン油の屈折率 $n = 1.48$ である．2枚のガラス板の間をパラフィン油で満たしたときの二つの反射光の光路差を Δ' とすると，$\Delta' = 2dn + \dfrac{\lambda}{2}$ である．そのため，m 次の明線の位置を x'_m とすると，$x'_m = \left(m - \dfrac{1}{2}\right)\dfrac{L\lambda}{2Dn}$ である．したがって，隣り合う明線の間隔 δ' は，次のようになる．

$$\delta' = x'_{m+1} - x'_m = \dfrac{L\lambda}{2Dn} = \dfrac{\delta}{n} = \dfrac{1.47\,\text{mm}}{1.48} \fallingdotseq \boxed{0.99\,\text{mm}}$$

第3章 熱と分子運動

1 (1) $10 + 273 = 283$ より，283 K である．
(2) $36 + 273 = 309$ より，309 K である．また，$\dfrac{9}{5} \times 36 + 32 \fallingdotseq 97$ より，97 °F である．

2 ①℃ ②0 ℃ ③100 ℃ ④100 ⑤熱運動 ⑥絶対

3 ①分子 ②衝突 ③乱雑（またはランダムなど） ④熱運動

4 (1) $\dfrac{10000\,\text{J}}{4.2\,\text{J/cal}} \fallingdotseq 2.4\,\text{kcal}$

(2) 1 cal とは，1 g の水の温度を 1 ℃ 上昇させる熱である．つまり，1 kg = 1000 g の水の温度を 1 ℃ 上昇させるには，1000 cal が必要である．よって，2.4 kcal = 2400 cal の熱では，2.4 ℃ 上昇する．

5 高さ h の滝の上部の質量 m の水について，落下により増加する運動エネルギーは，水がもつ重力による位置エネルギー mgh と等しい．そこで，その温度上昇を ΔT，水の比熱を c とすると，$mgh = mc\Delta T$ が成り立つ．よって，次のようになる．

$$\Delta T = \dfrac{mgh}{mc} = \dfrac{gh}{c} = \dfrac{9.8\,\text{m/s}^2 \times 50\,\text{m}}{4.2 \times 10^3\,\text{J/(kg·K)}} \fallingdotseq 0.12\,\text{K}$$

6 長さの変化を ΔL，温度差を ΔT とすると，$\Delta L = \alpha L \Delta T$ であるから，次のようになる．

$$\Delta L = 1.2 \times 10^{-5}\,\text{K}^{-1} \times 25\,\text{m} \times 30\,\text{K} = 9.0 \times 10^{-3}\,\text{m} = 9.0\,\text{mm}$$

7 体積変化を ΔV，元の体積を V，温度変化を ΔT とすると，$\Delta V = \beta V \Delta T$ の関係が成り立つ．よって，$\Delta V = 0.00135\,\text{K}^{-1} \times 2000\,\text{L} \times (20 - 10)\,\text{K} = 27\,\text{L}$ 増える．

8 水銀は，人の体温付近で液体の金属である．液体は細いガラス管へ詰めることができ，体積のわずかな変化を測定するのに適している．また，金属は熱をよく伝え，均一に温まる．

9 (1) スイッチを閉じた後，ヒーターに電流が流れ，ランプが点灯する．しばらくすると，ヒーターで加熱されたバイメタルが図の上方に変形し，接点が離れる．そのため，ヒー

ターに電流が流れなくなり，ランプは消灯する．しばらくするとバイメタルは冷え，元の形状に戻る．すると再び接点が接触し，ヒーターに電流が流れ始める．このような動作を繰り返す．

(2) この回路は，バイメタル式サーモスタットとよばれるスイッチの動作原理である．このスイッチは，カーエアコンの温度調節に用いられている．

10 加熱に必要な熱量 Q は，$Q = cm\Delta T$ より，次のようになる．
$$Q = 452 \text{ J/(kg·K)} \times 5.0 \times 10^3 \text{ kg} \times (1537 - 20) \text{ K} \fallingdotseq \boxed{3.4 \text{ GJ}}$$

11 水の質量 m は，水の密度 ρ と体積 V の積で与えられるから，次のようになる．
$$Q = cm\Delta T = c\rho V \Delta T$$
$$= 4.2 \times 10^3 \text{ J/(kg·K)} \times 1.0 \times 10^3 \text{ kg/m}^3 \times 0.30 \text{ m}^3 \times (40 - 10) \text{ K}$$
$$\fallingdotseq \boxed{38 \text{ MJ}}$$

12 加熱に必要な時間を t とすると，ヒーターが発生する全熱量は，$45 \text{ J/s} \times t$ である．一方，こて先が吸収する熱量は，
$$cm\Delta T = 385 \text{ J/(kg·K)} \times 3.3 \times 10^{-3} \text{ kg} \times (370 - 15) \text{ K}$$
である．よって，熱量の保存の関係から，
$$45 \text{ J/s} \times t = 385 \text{ J/(kg·K)} \times 3.3 \times 10^{-3} \text{ kg} \times (370 - 15) \text{ K}$$
より，$t \fallingdotseq \boxed{10 \text{ s}}$ が得られる．

13 電気ポットと水を合わせた熱容量は，
$$450 \text{ J/K} + 4.2 \times 10^3 \text{ J/(kg·K)} \times 1.0 \text{ kg} = 4.65 \times 10^3 \text{ J/K}$$
である．よって，温度の上昇の速さは，
$$\frac{1.25 \times 10^3 \text{ J/s}}{4.65 \times 10^3 \text{ J/K}} = \frac{1.25 \times 10^3 \times 60 \text{ J/min}}{4.65 \times 10^3 \text{ J/K}} \fallingdotseq \boxed{16 \text{ K/min}}$$
となる．

14 ブレーキが吸収した熱量 Q は，自動車の運動エネルギーの 20% であるので，$Q = \frac{1}{2} \times 800 \text{ kg} \times (20 \text{ m/s})^2 \times 0.20$ である．また，4 枚のブレーキディスクの熱容量 C は，$C = (4 \times 1.5 \text{ kg}) \times 420 \text{ J/(kg·K)}$ で与えられる．よって，$Q = C\Delta T$ より，次のようになる．
$$\Delta T = \frac{Q}{C} = \frac{\frac{1}{2} \times 800 \text{ kg} \times (20 \text{ m/s})^2 \times 0.20}{(4 \times 1.5 \text{ kg}) \times 420 \text{ J/(kg·K)}} \fallingdotseq \boxed{13 \text{ K}}$$

15 (1) ① $(95 - t)$ K ② $(t - 20)$ K

(2) 次のようになる．
$$4.2 \times 10^3 \text{ J/(kg·K)} \times 1.0 \text{ kg} \times (95 - t) \text{ K}$$
$$= 385 \text{ J/(kg·K)} \times 0.70 \text{ kg} \times (t - 20) \text{ K}$$

これを t について解くと，$t \fallingdotseq 90$ となる．よって，答えは 90℃ となる．
(3) 水の熱容量は，4.2×10^3 J/(kg·K) $\times 1.0$ kg $= 4.2 \times 10^3$ J/K であるのに対して，鍋の熱容量は，385 J/(kg·K) $\times 0.70$ kg $\fallingdotseq 2.7 \times 10^2$ J/K と，水に比べて小さい．そのため，水より鍋の方が温度変化しやすいためである．

16 銅の比熱を c とすると，銅のおもりが放出した熱量は，
$$c \times 400 \times 10^{-3}\,\text{kg} \times (450 - 300)\,\text{K}$$
である．水および熱量計が吸収した熱量は，
$$(4.2 \times 10^3\,\text{J/(kg·K)} \times 500 \times 10^{-3}\,\text{kg} + 200\,\text{J/K}) \times (300 - 290)\,\text{K}$$
$$= 2.3 \times 10^4\,\text{J}$$
であり，熱量の保存より両者は等しい．よって，
$$c \times 400 \times 10^{-3}\,\text{kg} \times (450 - 300)\,\text{K} = 2.3 \times 10^4\,\text{J}$$
より，c について解くと，$c \fallingdotseq 3.8 \times 10^2$ J/(kg·K) となる．

17 (1) 水の気化熱は 2.26 MJ/kg である．これは，1 kg の水を完全に蒸発させるのに 2.26 MJ の熱が必要であることを示している．一方，2.0 L $= 2.0 \times 10^{-3}$ m³ の水の質量は，2.0×10^{-3} m³ $\times 1.0 \times 10^3$ kg/m³ $= 2.0$ kg である．よって，必要な熱量は，2.0 kg $\times 2.26$ MJ/kg $\fallingdotseq 4.5$ MJ となる．
(2) 水の融解熱は 0.334 MJ/kg である．これは，1 kg の氷を完全に融かすために 0.344 MJ の熱が必要であることを示している．よって，0.50 kg の氷を融かすのに必要な熱量は，0.50 kg $\times 0.334$ MJ/kg $\fallingdotseq 0.17$ MJ となる．

18 (1) $\dfrac{1.0\,\text{kg} \times 2.26\,\text{MJ/kg}}{1000\,\text{J/s}} = 2.26 \times 10^3$ s $\fallingdotseq 38$ min

(2) $\dfrac{1.0\,\text{kg} \times 0.334\,\text{MJ/kg}}{75\,\text{J/s}} \fallingdotseq 4.45 \times 10^3$ s $\fallingdotseq 74$ min

19 46.3 g の液体窒素が蒸発するために必要な熱量は，1.99×10^5 J/kg $\times 46.3 \times 10^{-3}$ kg である．この熱が 10 分間で流れ込んでいるので，流れ込む速さは，
$$\dfrac{1.99 \times 10^5\,\text{J/kg} \times 46.3 \times 10^{-3}\,\text{kg}}{10 \times 60\,\text{s}} \fallingdotseq 15\,\text{J/s}$$
となる．

20 コーヒーが吸収する熱量は，0.18 kg $\times 4.2$ kJ/(kg·K) $\times (85 - 14)$ K である．必要な蒸気の質量を x とすると，100 ℃ の蒸気が 85 ℃ のお湯になるまでに失う熱量は，$\{2.26\,\text{MJ/kg} + 4.2\,\text{kJ/(kg·K)} \times (100 - 85)\,\text{K}\}\,x$ と表せる．熱量の保存の関係から両者は等しいので，
$$0.18\,\text{kg} \times 4.2\,\text{kJ/(kg·K)} \times (85 - 14)\,\text{K}$$
$$= \{2.26\,\text{MJ/kg} + 4.2\,\text{kJ/(kg·K)} \times (100 - 85)\,\text{K}\}\,x$$
であり，x について解くと，$x \fallingdotseq 0.023$ kg $= 23$ g となる．

21 解図 3.1 のようになる．圧力 P と体積 V の逆数は比例の関係にある．すなわち，比例定数を A とすると，$P = A\dfrac{1}{V}$ と書ける．よって，$PV = A$ であり，圧力と体積の積が一定であることがわかる．

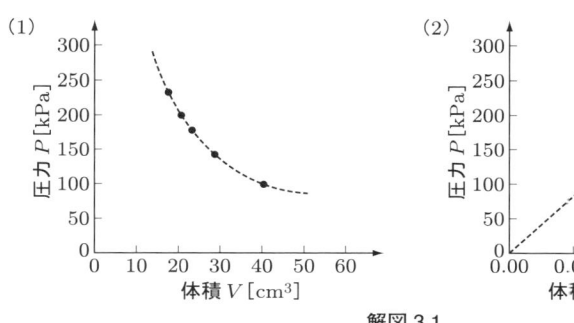

(1) グラフ：横軸 体積 V [cm³]，縦軸 圧力 P [kPa]
(2) グラフ：横軸 体積の逆数 $1/V$ [cm⁻³]，縦軸 圧力 P [kPa]

解図 3.1

22 押しつぶす前を状態 1，押しつぶした後を状態 2 とすると，ボイル–シャルルの法則より，$\dfrac{P_1 V_1}{T_1} = \dfrac{P_2 V_2}{T_2}$ が成り立つ．また，等温変化であるから，$T_1 = T_2$ である．これらから，$P_1 V_1 = P_2 V_2$ の関係があることがわかる（ボイルの法則）．よって，次のようになる．

$$P_2 = P_1 \dfrac{V_1}{V_2} = 128\,\text{kPa} \times \dfrac{1.50\,\text{L}}{1.30\,\text{L}} \fallingdotseq \boxed{148\,\text{kPa}}$$

23 (1) $PV = nRT$ より，次のようになる．

$$n = \dfrac{PV}{RT} = \dfrac{200\,\text{kPa} \times 0.20\,\text{m}^3}{8.31\,\text{J/(mol·K)} \times 290\,\text{K}} \fallingdotseq 16.6\,\text{mol} \fallingdotseq \boxed{17\,\text{mol}}$$

(2) $16.6\,\text{mol} \times 6.02 \times 10^{23}\,\text{mol}^{-1} \fallingdotseq \boxed{1.0 \times 10^{25}\,\text{個}}$

(3) 水素：$16.6\,\text{mol} \times 2.0\,\text{g/mol} \fallingdotseq \boxed{33\,\text{g}}$

窒素：$16.6\,\text{mol} \times 28\,\text{g/mol} \fallingdotseq \boxed{4.6 \times 10^2\,\text{g}}$

24 (1) 圧力，体積，温度を P_1, V_1, T_1 とする．理想気体の状態方程式 $P_1 V_1 = n_1 R T_1$ より，

$$n_1 = \dfrac{P_1 V_1}{R T_1} = \dfrac{110\,\text{kPa} \times 1.50 \times 10^{-3}\,\text{m}^3}{8.31\,\text{J/(mol·K)} \times 290\,\text{K}} \fallingdotseq 0.06848\,\text{mol}$$

となる．よって，次のようになる．

$$N = n_1 N_A = 0.06848\,\text{mol} \times 6.02 \times 10^{23}\,\text{mol}^{-1} \fallingdotseq \boxed{4.12 \times 10^{22}\,\text{個}}$$

(2) 圧力を $P_2 = 115\,\text{kPa}$ とし，そのときの物質量を $n_2 = n_1 + x$ とすると，体積と温度は変化しないので，理想気体の状態方程式は，$P_2 V_1 = n_2 R T_1$ となる．(1) のときの理想気体の状態方程式と両辺の比をとると，$\dfrac{P_1 V_1}{P_2 V_1} = \dfrac{n_1 R T_1}{n_2 R T_1}$ より，$\dfrac{P_1}{P_2} = \dfrac{n_1}{n_2}$ と

なる．よって，$n_2 = n_1 + x = n_1 \dfrac{P_2}{P_1}$ である．よって，

$$x = n_1 \left(\dfrac{P_2}{P_1} - 1\right) = 0.06848\,\text{mol} \times \left(\dfrac{115\,\text{kPa}}{110\,\text{kPa}} - 1\right) \fallingdotseq 3.113\cdots \times 10^{-3}\,\text{mol}$$

となる．以上より，追加する分子の数は，次のようになる．

$$xN_A = 3.113 \times 10^{-3}\,\text{mol} \times 6.02 \times 10^{23}\,\text{mol}^{-1} \fallingdotseq \boxed{1.87 \times 10^{21}\,個}$$

25 理想気体の状態方程式より，$\dfrac{P}{T} = \dfrac{nR}{V} =$ 一定 である．よって，$\dfrac{P_1}{T_1} = \dfrac{P_2}{T_2}$ であるから，次のようになる．

$$T_2 = T_1 \dfrac{P_2}{P_1} = (12 + 273)\,\text{K} \times \dfrac{303\,\text{kPa}}{276\,\text{kPa}} \fallingdotseq 313\,\text{K} = \boxed{40\,℃}$$

26 パンク前を状態1，パンク後を状態2として，$\dfrac{P_1 V_1}{T_1} = \dfrac{P_2 V_2}{T_2}$ より，次のようになる．

(1) $T_1 = T_2$ より，$V_2 = \dfrac{P_1}{P_2} V_1 = \dfrac{145\,\text{kPa}}{101\,\text{kPa}} \times 400\,\text{cm}^3 \fallingdotseq \boxed{574\,\text{cm}^3}$

(2) $V_2 = \dfrac{T_2}{T_1} \dfrac{P_1}{P_2} V_1 = \dfrac{(273 + 10)\,\text{K}}{(273 + 30)\,\text{K}} \times \dfrac{145\,\text{kPa}}{101\,\text{kPa}} \times 400\,\text{cm}^3 \fallingdotseq \boxed{536\,\text{cm}^3}$

27 変化前を状態1，変化後を状態2として，$\dfrac{P_1 V_1}{T_1} = \dfrac{P_2 V_2}{T_2}$ より，次のようになる．

(1) $V_1 = V_2$ より，$P_2 = \dfrac{T_2}{T_1} P_1 = \dfrac{(273 + 40)\,\text{K}}{(273 + 20)\,\text{K}} \times 80\,\text{kPa} \fallingdotseq \boxed{85\,\text{kPa}}$

(2) $T_1 = T_2$ より，$P_2 = \dfrac{V_1}{V_2} P_1 = \dfrac{V_1}{\frac{V_1}{2}} P_1 = 2P_1 = 2 \times 80\,\text{kPa} = \boxed{0.16\,\text{MPa}}$

(3) $V_1 = V_2$ より，$P_2 = \dfrac{T_2}{T_1} P_1 = \dfrac{586\,\text{K}}{(273 + 20)\,\text{K}} \times 80\,\text{kPa} = \boxed{0.16\,\text{MPa}}$

(4) $T_1 = T_2$ より，$P_2 = \dfrac{V_1}{V_2} P_1 = \dfrac{6.0 \times 10^{-3}\,\text{m}^3}{2.5 \times 10^{-3}\,\text{m}^3} \times 80\,\text{kPa} \fallingdotseq \boxed{0.19\,\text{MPa}}$

(5) $P_2 = \dfrac{T_2}{T_1} \dfrac{V_1}{V_2} P_1 = \dfrac{(273 + 57)\,\text{K}}{(273 + 20)\,\text{K}} \times \dfrac{6.0 \times 10^{-3}\,\text{m}^3}{12 \times 10^{-3}\,\text{m}^3} \times 80\,\text{kPa} \fallingdotseq \boxed{45\,\text{kPa}}$

28 水深 h の地点の水圧 P は，大気圧を P_0，海水の密度を ρ，重力加速度の大きさを g とすると，$P = P_0 + h\rho g$ で与えられる．よって，

$$P = P_0 + h\rho g = 101\,\text{kPa} + 45\,\text{m} \times 1020\,\text{kg/m}^3 \times 9.8\,\text{m/s}^2$$
$$\fallingdotseq 101\,\text{kPa} + 450\,\text{kPa} = 551\,\text{kPa}$$

である．したがって，$\dfrac{P_2 V_2}{T_2} = \dfrac{P_1 V_1}{T_1}$ より，次のようになる．

$$V_2 = \dfrac{T_2}{T_1} \dfrac{P_1}{P_2} V_1 = \dfrac{(273 + 12)\,\text{K}}{(273 + 5)\,\text{K}} \times \dfrac{551\,\text{kPa}}{101\,\text{kPa}} \times 3.0 \times 10^{-5}\,\text{m}^3$$
$$\fallingdotseq \boxed{1.7 \times 10^{-4}\,\text{m}^3}$$

29 (1) 水素ガスの物質量は $2.0\,\mathrm{g} \div 2.0\,\mathrm{g/mol} = $ **1.0 mol**, ヘリウムガスの物質量は $8.0 \div 4.0\,\mathrm{g/mol} = $ **2.0 mol** である. よって, 全体では **3.0 mol** である.

(2) $PV = nRT$ より, $P = \dfrac{nRT}{V} = \dfrac{3.0\,\mathrm{mol} \times 8.31\,\mathrm{J/(mol \cdot K)} \times 320\,\mathrm{K}}{0.20\,\mathrm{m}^3} \fallingdotseq $ **40 kPa**

となる.

30 (1) $PV = nRT$ より,
$$n = \frac{PV}{RT} = \frac{101\,\mathrm{kPa} \times (10 \times 10^{-2}\,\mathrm{m})^3}{8.31\,\mathrm{J/(mol \cdot K)} \times 290\,\mathrm{K}} = \frac{101\,\mathrm{N \cdot m}}{(8.31 \times 290)\,\mathrm{J/mol}}$$
$$\fallingdotseq 0.0419\,\mathrm{mol}$$

である. よって, 分子の数は, $N = nN_\mathrm{A} = 0.0419\,\mathrm{mol} \times 6.02 \times 10^{23}\,\mathrm{mol}^{-1} \fallingdotseq 2.52 \times 10^{22} \fallingdotseq$ **2.5×10^{22}** 個となる.

(2) 気体分子 1 個が占有できる体積は,
$$\frac{V}{N} = \frac{(10 \times 10^{-2}\,\mathrm{m})^3}{2.52 \times 10^{22}} \fallingdotseq 3.97 \times 10^{-26}\,\mathrm{m}^3 \fallingdotseq \boxed{4.0 \times 10^{-26}\,\mathrm{m}^3}$$

となる. 気体分子の体積は,
$$\frac{4}{3}\pi \left(\frac{d}{2}\right)^3 = \frac{4 \times 3.14 \times (1.5 \times 10^{-10}\,\mathrm{m})^3}{3} \fallingdotseq 1.41 \times 10^{-29}\,\mathrm{m}^3$$

となるので, $\dfrac{3.97 \times 10^{-26}\,\mathrm{m}^3}{1.41 \times 10^{-29}\,\mathrm{m}^3} \fallingdotseq$ **2.8×10^3** 倍となる.

31 (1) 気体分子は, 500 m/s の速さで壁の間を往復する. よって, かかる時間は, $\dfrac{0.50\,\mathrm{m} \times 2}{500\,\mathrm{m/s}} = $ **2.0×10^{-3} s** となる.

(2) 分子の質量を m, 速さを v とすると, 壁に衝突する前の運動量が mv, 衝突後の運動量は $-mv$ である. したがって, 運動量の変化は, $-mv - mv = -2mv = -2 \times 5.0 \times 10^{-26}\,\mathrm{kg} \times 500\,\mathrm{m/s} = $ **-5.0×10^{-23} kg·m/s** となる.

(3) 運動量の変化は, その物体が受けた力積に等しい. よって, (2)より, 気体分子は, 壁 A から -5.0×10^{-23} N·s の力積を受けることになる. 一方, 作用・反作用の法則から, 気体分子と壁 A は互いに同じ大きさで逆向きの力積を及ぼし合うから, 気体分子は壁 A に **5.0×10^{-23} N·s** (マイナス符号がないことに注意せよ) の力積を与えることになる.

(4) 気体分子は, 2.0×10^{-3} s ごとに 5.0×10^{-23} N·s の力積を壁 A に与える. よって, 壁 A が受ける平均の力は, $\dfrac{5.0 \times 10^{-23}\,\mathrm{N \cdot s}}{2.0 \times 10^{-3}\,\mathrm{s}} = $ **2.5×10^{-20} N** である.

(5) 壁 A にぶつかる分子数は全分子数の 3 分の 1 であるから, 0.50×10^{24} 個である. よって, 壁 A が受ける力は, $2.5 \times 10^{-20}\,\mathrm{N} \times 0.50 \times 10^{24} = 1.25 \times 10^4\,\mathrm{N} \fallingdotseq$ **$1.3 \times$**

10^4 N となる.

(6) 圧力は壁が受ける力を壁の面積で割れば得られるので, $\dfrac{1.25 \times 10^4 \text{ N}}{(0.50 \text{ m})^2} = 5.0 \times 10^4$ N/m² = 50 kPa となる.

32 (1)
$$\dfrac{(42.0 - 32.0 + 28.0 - 40.0 + 33.0 - 32.0 + 35.0 - 34.0 + 32.0 - 25.0) \text{ m/s}}{10}$$
$$= 0.70 \text{ m/s}$$

(2)
$$\sqrt{\dfrac{42.0^2 + 32.0^2 + 28.0^2 + 40.0^2 + 33.0^2 + 32.0^2 + 35.0^2 + 34.0^2 + 32.0^2 + 25.0^2}{10}}$$
$$\fallingdotseq 33.6 \text{ m/s}$$

33 (1) $PV = \dfrac{1}{3} Nm\overline{v^2} = nRT$ より, 両辺に $\dfrac{3}{2}$ をかけると, $N\left(\dfrac{1}{2}m\overline{v^2}\right) = \dfrac{3}{2}nRT$ となる.

(2) アボガドロ定数を N_A として, $k_B = \dfrac{R}{N_A}$, $n = \dfrac{N}{N_A}$ であるので, $N\left(\dfrac{1}{2}m\overline{v^2}\right) = \dfrac{3}{2}nRT = \dfrac{3}{2}\dfrac{N}{N_A}RT = \dfrac{3}{2}N\dfrac{R}{N_A}T = \dfrac{3}{2}Nk_BT$ である. 両辺を N で割ると, 気体分子 1 個あたりの平均運動エネルギー $\dfrac{1}{2}m\overline{v^2}$ は, $\dfrac{1}{2}m\overline{v^2} = \dfrac{3}{2}k_BT$ となる. この関係から, 気体の温度はその気体を構成している気体分子の運動エネルギー (運動の激しさ) を表す量であることがわかる.

34 (1) $\sqrt{\overline{v^2}} = \sqrt{\dfrac{3RT}{M}}$ より算出する. M はアルゴンガスの 1 mol あたりの質量である. アルゴンガスの密度を ρ, 体積を V, 物質量を n とすると, $\rho = \dfrac{nM}{V}$ であるから, $M = \dfrac{\rho V}{n}$ となる. また, $PV = nRT$ より, $V = \dfrac{nRT}{P}$ であるから,

$$M = \dfrac{\rho V}{n} = \dfrac{\rho n RT}{nP} = \dfrac{\rho RT}{P}$$

となる. よって, 次のようになる.

$$\sqrt{\overline{v^2}} = \sqrt{\dfrac{3RT}{M}} = \sqrt{\dfrac{3RTP}{\rho RT}} = \sqrt{\dfrac{3P}{\rho}} = \sqrt{\dfrac{3 \times 100 \times 10^3 \text{ Pa}}{1.78 \text{ kg/m}^3}} \fallingdotseq 411 \text{ m/s}$$

(2) 気体分子の 2 乗平均速度は, 温度にのみ依存するので, (1)の結果と同じで 411 m/s となる.

35 (1) 分子の重心の平均運動エネルギーは温度にのみ依存するので, どちらも次のようになる.

$$\frac{1}{2}m\overline{v^2} = \frac{3}{2}k_B T = \frac{3}{2} \times 1.38 \times 10^{-23}\,\text{J/K} \times 290\,\text{K} \fallingdotseq 6.00 \times 10^{-21}\,\text{J}$$

(2)

二酸化炭素：$\sqrt{\overline{v^2}} = \sqrt{\dfrac{3RT}{M_{\text{CO}_2}}} = \sqrt{\dfrac{3 \times 8.31\,\text{J/(mol·K)} \times 290\,\text{K}}{44 \times 10^{-3}\,\text{kg/mol}}} \fallingdotseq 4.1 \times 10^2\,\text{m/s}$

一酸化炭素：$\sqrt{\overline{v^2}} = \sqrt{\dfrac{3RT}{M_{\text{CO}}}} = \sqrt{\dfrac{3 \times 8.31\,\text{J/(mol·K)} \times 290\,\text{K}}{28 \times 10^{-3}\,\text{kg/mol}}} \fallingdotseq 5.1 \times 10^2\,\text{m/s}$

36 (1) $\dfrac{1}{2}m\overline{v^2} = \dfrac{3}{2}k_B T$ より，$T = \dfrac{2\left(\frac{1}{2}m\overline{v^2}\right)}{3k_B} = \dfrac{2 \times 6.21 \times 10^{-21}\,\text{J}}{3 \times 1.38 \times 10^{-23}\,\text{J/K}} = 300\,\text{K}$

(2) 平均運動エネルギーは絶対温度に比例するので，$300\,\text{K} \times 2 = 600\,\text{K}$ となる．

37 (1)～(3) すべて等しく，$\dfrac{1}{2}m\overline{v^2} = \dfrac{3}{2}k_B T$ より，$\dfrac{1}{2}m\overline{v^2} = \dfrac{3}{2} \times 1.38 \times 10^{-23}\,\text{J/K} \times 288\,\text{K} \fallingdotseq 5.96 \times 10^{-21}\,\text{J}$ となる．

38 (1) $\sqrt{\overline{v^2}} = \sqrt{\dfrac{3RT}{M_{\text{H}_2}}} = \sqrt{\dfrac{3 \times 8.31\,\text{J/(mol·K)} \times 288\,\text{K}}{2.0 \times 10^{-3}\,\text{kg/mol}}} \fallingdotseq 1.9 \times 10^3\,\text{m/s}$

(2) $\sqrt{\overline{v^2}} = \sqrt{\dfrac{3RT}{M_{\text{O}_2}}} = \sqrt{\dfrac{3 \times 8.31\,\text{J/(mol·K)} \times 288\,\text{K}}{28 \times 10^{-3}\,\text{kg/mol}}} \fallingdotseq 5.1 \times 10^2\,\text{m/s}$

(3) $\sqrt{\overline{v^2}} = \sqrt{\dfrac{3RT}{M_{\text{Br}_2}}} = \sqrt{\dfrac{3 \times 8.31\,\text{J/(mol·K)} \times 288\,\text{K}}{160 \times 10^{-3}\,\text{kg/mol}}} \fallingdotseq 2.12 \times 10^2\,\text{m/s}$

39 (1) 物体を構成するすべての分子がもつエネルギーの総和

(2) もっている．有限の温度の物質は，温度に比例する分子の運動エネルギーをもっている．また，理想気体でない場合には，分子どうしにはたらく分子間力による位置エネルギーももつ．内部エネルギーは，これらのエネルギーの総和である．

(3) ある．内部エネルギーはその物体の温度に比例するが，物体を構成するすべての分子がもつエネルギーの総和であるから，物質量にも比例する．よって，温度が低くても，たくさんの量があれば，内部エネルギーは大きくなる．

40 温度が同じということは，二つの銅ブロックを構成している個々の銅原子の力学的エネルギーが等しい．しかし，内部エネルギーは，それぞれの銅ブロックを構成する銅原子がもつエネルギーの総和であるから，銅ブロックの量に依存する．よって，二つの銅ブロックがまったく同じ量であれば，それぞれがもつ内部エネルギーは等しいといえる．一方，異なる量であれば，内部エネルギーは異なる．

41 理想気体の内部エネルギー U は，気体分子一つひとつがもつ運動エネルギー $\dfrac{1}{2}m\overline{v^2} = \dfrac{3}{2}k_B T$ を，全気体分子の数だけ足し合わせたものであり，全気体分子数を N とすると，$U = N\left(\dfrac{3}{2}k_B T\right)$ で与えられる．

(1) $U = N\left(\dfrac{3}{2}k_B T\right) = 1.0 \times 10^{24} \times \dfrac{3}{2} \times 1.38 \times 10^{-23}\,\mathrm{J/K} \times 300\,\mathrm{K}$ $6.2 \times 10^3\,\mathrm{J}$

(2) $U = N\left(\dfrac{3}{2}k_B T\right) = 1.0 \times 10^{24} \times \dfrac{3}{2} \times 1.38 \times 10^{-23}\,\mathrm{J/K} \times 600\,\mathrm{K}$ $1.2 \times 10^4\,\mathrm{J}$

42 (1) 気体がピストンを押す力の大きさ F は，圧力 P と断面積 S の積で与えられるから，$F = PS = 100\,\mathrm{kPa} \times 1.0 \times 10^{-2}\,\mathrm{m}^2 = $ $1.0 \times 10^3\,\mathrm{N}$ となる．

(2) 仕事 W は，力の大きさ F と力の向きへの移動距離 x の積で与えられるから，$W = Fx = 1.0 \times 10^3\,\mathrm{N} \times 5.0 \times 10^{-3}\,\mathrm{m} = 5.0\,\mathrm{N\cdot m} = $ $5.0\,\mathrm{J}$ となる．

43 $\Delta U = Q + W$ において，ΔU は気体の内部エネルギーの変化，Q は気体が吸収した熱量，W は，$W > 0$ であれば内部エネルギーが増加することから，W は気体がされた仕事である．一方，$\Delta U = Q - W$ では，$W > 0$ であれば内部エネルギーは減少する．よって，W は気体がした仕事である．

44 電子レンジは，マイクロ波により水分子を振動させて加熱する機器である．
(1) ①ゼロ ②正 ③正 (2) ①正 ②正 ③ゼロ

45 ブレーキディスクがされた仕事 $W = $ $0.20\,\mathrm{MJ}$，ブレーキディスクは熱を放出したので，吸収した熱量 $Q = $ $-0.080\,\mathrm{MJ}$ である．熱力学の第 1 法則より，内部エネルギーの変化 ΔU は，$\Delta U = Q + W = -0.080\,\mathrm{MJ} + 0.20\,\mathrm{MJ} = $ $0.12\,\mathrm{MJ}$ である．

46 (1) フィラメントの温度が上昇するから，$\Delta U > 0$ である．また，フィラメントは流れる電子によって仕事をされているから，$W > 0$ となる．一方，とくに熱を加えられていないことと，電流が流れ始めた直後であるので，フィラメントの温度は低く，フィラメントからの熱の放出は無視できる．よって，吸収した熱量は $Q = 0$ である．

(2) フィラメントの温度は一定になることから，$\Delta U = 0$ である．また，電流は流れ続けているので，された仕事 $W > 0$ となる．一方，フィラメントの温度は外気に比べ高温になっているので熱を放出する．よって，吸収した熱量は $Q < 0$ である．すなわち，定常状態では，電流によってされた仕事のぶんだけ熱を放出するから，温度が一定（内部エネルギーが変化しない）になる．

47 (1) 異なる．ピストンが固定されている場合，気体の体積は変化しないので，気体は外部に仕事をしない．すなわち，$W_{\mathrm{out}} = 0$ である．よって，内部エネルギーの変化 $\Delta U_{固定}$ は，熱力学の第 1 法則より，$\Delta U_{固定} = Q_{\mathrm{in}} - W_{\mathrm{out}} = Q_{\mathrm{in}}$ である．一方，ピストンが自由に動く場合，気体は膨張しながら温度が上昇する．すなわち，気体はピストンに正の仕事 W_{out} をする．よって，内部エネルギーの変化 $\Delta U_{自由}$ は，熱力学の第 1 法則より，$\Delta U_{自由} = Q_{\mathrm{in}} - W_{\mathrm{out}} < Q_{\mathrm{in}} = \Delta U_{固定}$ となり，$\Delta U_{自由} < \Delta U_{固定}$ であることがわかる．

(2) 異なる．$\Delta U_{自由} < \Delta U_{固定}$ であるので，固定の場合の方が温度の上昇が大きいことがわかる．

48 等温変化であるので，気体分子の速さは変化しない．すなわち，一つの気体分子が1回の衝突で壁に与える力積は変化しない．一方，体積が増加すると，容器の壁と壁の間の距離が増加するため，気体分子が一つの壁に衝突する時間間隔が大きくなる．よって，一つの気体分子が一つの壁に与える平均の力（1回の衝突による力積を，衝突の時間間隔で割ることで得られる）は，体積の増加に伴い小さくなる．その結果，圧力が小さくなる．

49 気体の温度が上昇するということは，気体分子の平均運動エネルギーが増加すること，すなわち，気体分子の速さの平均値が増加することを意味している．定積変化では，容器の壁と壁の距離は変化しない．そこで，温度が上昇し気体分子の速さが増すと，一つの気体分子が一つの壁に力積を与える時間間隔は短くなる．また，一度の衝突で壁に与える力積も大きくなる．これらの結果は，一つの気体分子が一つの壁に与える平均の力が増大することを意味しており，圧力は上昇する．

50 グラフは，解図 3.2 のようになる．

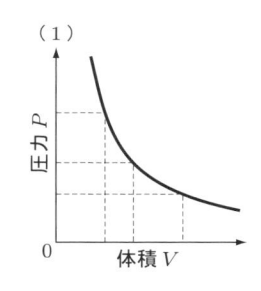

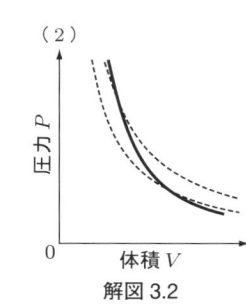

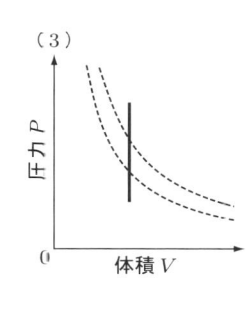

解図 3.2

（1）内部エネルギーの変化がないから，気体の温度は一定である．よって，==等温変化==である．等温変化では，圧力 P と体積 V の積が一定になる．すなわち，P-V グラフでは反比例の関係になる．

（2）熱の出入りがないから，==断熱変化==である．断熱変化では，気体がされた仕事がすべて内部エネルギーの変化に使われる．断熱圧縮では温度が上がり，断熱膨張では温度が下がる．そのため，P-V グラフにおいて，等温変化（図中の破線）より傾きの大きな曲線を描く．

（3）外部との仕事のやり取りがないということは，気体の体積が一定であることを示す．よって，==定積変化==である．

51 （1）理想気体の状態方程式 $PV = nRT$ より，$T = \dfrac{PV}{nR} \propto PV$ である．よって，圧力と体積の積が大きいほど温度が高いことがわかる．解図 3.3 に示すように，T_2 のグラフ

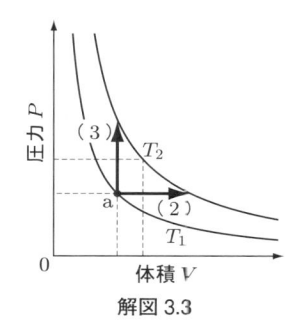

解図 3.3

の方が圧力と体積の積が大きいことは明らかである．よって，T_2 が高温であることがわかる．

(2) 気体の圧力は外気圧とつり合うので一定であり，定圧変化である．よって，グラフは図中の(2)となる．

(3) ピストンが固定された場合，気体の体積は一定であり，定積変化である．よって，グラフは図中の(3)となる．

52 (1) 解図 3.4 のようになる．

(2) ① T_2 より T_1 は低温であり，気体の温度は下がる．よって，内部エネルギーは減少する．② 気体の温度は T_1 から T_2 へ戻る．すなわち温度が上昇するので，内部エネルギーは増大する．③ 気体の温度は T_2 のままで変化しない．よって，内部エネルギーは変化しない．

解図 3.4

53 (1) 状態 c では，圧力 $P = 100\,\text{kPa}$，体積 $V = 6.0 \times 10^{-2}\,\text{m}^3$，温度 $T = 300\,\text{K}$ である．理想気体の状態方程式 $PV = nRT$ より，次のようになる．

$$n = \frac{PV}{RT} = \frac{100\,\text{kPa} \times 6.0 \times 10^{-2}\,\text{m}^3}{8.31\,\text{J/(mol·K)} \times 300\,\text{K}}$$

$$\fallingdotseq 2.41\,\text{mol} \fallingdotseq 2.4\,\text{mol}$$

(2) ボイル–シャルルの法則より，$\dfrac{P_c V_c}{T_c} = \dfrac{P_a V_c}{T_a}$ であるから，次のようになる．

$$P_a = \frac{T_a}{T_c} P_c = \frac{600\,\text{K}}{300\,\text{K}} \times 100\,\text{kPa} = 200\,\text{kPa}$$

(3) ボイル–シャルルの法則より，$\dfrac{P_c V_c}{T_c} = \dfrac{P_c V_b}{T_b}$ であるから，次のようになる．

$$V_b = \frac{T_b}{T_c} V_c = \frac{600\,\text{K}}{300\,\text{K}} \times 6.0 \times 10^{-2}\,\text{m}^3 = 0.12\,\text{m}^3$$

54 (1) $W = P\Delta V = 100\,\text{kPa} \times (0.120 - 0.060)\,\text{m}^3 = 6.0 \times 10^3\,\text{J}$

(2) $\Delta U = \dfrac{3}{2} nR\Delta T = \dfrac{3}{2} \times 2.41\,\text{mol} \times 8.31\,\text{J/(mol·K)} \times (300 - 600)\,\text{K} \fallingdotseq -9.01 \times 10^3\,\text{J} \fallingdotseq -9.0 \times 10^3\,\text{J}$

(3) $\Delta U = Q + W$ より，$Q = \Delta U - W = -9.01 \times 10^3\,\text{J} - 6.0 \times 10^3\,\text{J} \fallingdotseq -1.5 \times 10^4\,\text{J}$ である．よって，気体はされた仕事より多くの熱を放出している．すなわち，圧縮しながら気体を冷却すればよい．

55 ① $\dfrac{3}{2} k_B T$ ② $\dfrac{1}{2} k_B T$ ③ 2 ④ 3 ⑤ 5 ⑥ $\dfrac{5}{2} k_B T$ ⑦ $n\dfrac{5}{2} RT$ ⑧ $n\dfrac{5}{2} R\Delta T$

⑨ $\dfrac{5}{2}R$ ⑩ $\dfrac{7}{2}R$

56 (1) 解図 3.5 のようになる．

(2) 解表 3.1 のようになる．

① 等温変化では内部エネルギーの変化はないので，過程 a→b と過程 c→d では $\Delta U = 0$ である．また，断熱変化では気体は熱を吸収しないので，過程 b→c と過程 d→a では $Q = 0$ である．

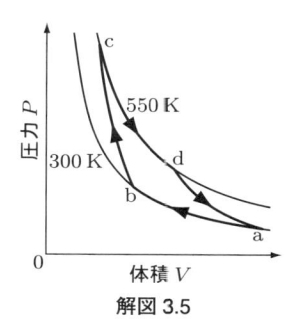

② $U = \dfrac{3}{2}nRT$ より，$\Delta U = \dfrac{3}{2}nR\Delta T$ である．過程 b→c では $\Delta T = 250\,\mathrm{K}$ であるから，$\Delta U = \dfrac{3}{2} \times 40\,\mathrm{J/K} \times 250\,\mathrm{K} = 15\,\mathrm{kJ}$ となる．過程 d→a では $\Delta T = -250\,\mathrm{K}$ であるから，$\Delta U = \dfrac{3}{2} \times 40\,\mathrm{J/K} \times (-250\,\mathrm{K}) = -15\,\mathrm{kJ}$ となる．一方，それぞれの過程では吸収した熱量がゼロであるから，熱力学の第 1 法則より，気体がした仕事は，それぞれ $-15\,\mathrm{kJ}$ および $15\,\mathrm{kJ}$ となる．

③ 過程 a→b では，気体に 7.3 kJ の仕事がされたのだから，気体がした仕事は $-7.3\,\mathrm{kJ}$ である．過程 c→d では，気体がした仕事は 13.4 kJ である．それぞれの過程では内部エネルギーの変化がゼロであることから，熱力学の第 1 法則により，気体が吸収した熱量は，それぞれ $-7.3\,\mathrm{kJ}$ および 13.4 kJ となる．

解図 3.5

解表 3.1

過程	吸収した熱量 Q [kJ]	気体がした仕事 W [kJ]	内部エネルギーの変化 ΔU [kJ]
a → b	−7.3	−7.3	0
b → c	0	−15	15
c → d	13.4	13.4	0
d → a	0	15	−15

(3) それぞれの過程において気体がした仕事を足し合わせると，正味の仕事は，6.1 kJ である．

(4) 吸収した熱量は 13.4 kJ である．

(5) 熱サイクルの熱効率 η は，

$$\eta = \dfrac{\text{熱サイクルがした正味の仕事}}{\text{熱サイクルが高温熱源から吸収した熱量}}$$

で与えられる．よって，$\eta = \dfrac{6.1\,\mathrm{kJ}}{13.4\,\mathrm{kJ}} \fallingdotseq 0.46$ となる．

57 (1) 解図 3.6 のようになる．

(2) エアコン

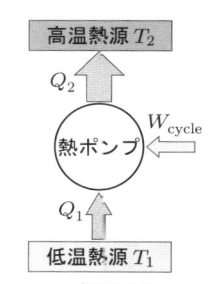

解図 3.6

(3) 暖房のときは，高温熱源は室内の空気，低温熱源は外気である．冷房のときは，高温熱源は外気，低温熱源は室内の空気である．

58 (1) 熱効率 η は，$\eta = \dfrac{W_{\text{cycle}}}{Q_2}$ で与えられる．この熱機関のする仕事 W_{cycle} は，$W_{\text{cycle}} = Q_2 - Q_1$ で与えられるから，$\eta = \dfrac{W}{Q_2} = \dfrac{Q_2 - Q_1}{Q_2} = 1 - \dfrac{Q_1}{Q_2}$ となる．

(2) $\eta = 1 - \dfrac{Q_1}{Q_2} = 1 - \dfrac{2.4\,\text{GJ}}{3.9\,\text{GJ}} \fallingdotseq 0.38$

59 熱機関の効率 η は，高温熱源の温度 T_2 と低温熱源の温度 T_1 を用いて，$\eta = 1 - \dfrac{T_1}{T_2}$ で与えられる．よって，次のようになる．

(1) $\eta = 1 - \dfrac{300\,\text{K}}{550\,\text{K}} \fallingdotseq 0.45$　　(2) $\eta = 1 - \dfrac{300\,\text{K}}{650\,\text{K}} \fallingdotseq 0.54$

(3) $\eta = 1 - \dfrac{300\,\text{K}}{750\,\text{K}} = 0.60$

60 (1) a→b，c→d の断熱過程では熱の吸収，放出はない．また，b→c では定積変化で温度が上昇しているので，熱を吸収することがわかる．吸収する熱量を Q_{in} とすると，$Q_{\text{in}} = nC_V(T_c - T_b)$ となる．

(2) d→a では定積変化で温度が下がっているので，熱を放出することがわかる．放出する熱量を Q_{out} とすると，$Q_{\text{out}} = nC_V(T_d - T_a)$ となる．

(3) $\eta = 1 - \dfrac{Q_{\text{out}}}{Q_{\text{in}}} = 1 - \dfrac{nC_V(T_d - T_a)}{nC_V(T_c - T_b)} = 1 - \dfrac{T_d - T_a}{T_c - T_b}$

(4) a→b，c→d のそれぞれの断熱過程において，
$$T_a V_1^{\gamma-1} = T_b V_2^{\gamma-1}, \quad T_d V_1^{\gamma-1} = T_c V_2^{\gamma-1}$$
が成り立つ．両辺の差をとると，$(T_d - T_a)V_1^{\gamma-1} = (T_c - T_b)V_2^{\gamma-1}$ より，$\dfrac{T_d - T_a}{T_c - T_b} = \left(\dfrac{V_2}{V_1}\right)^{\gamma-1}$ が得られる．よって，(3)より，次のようになる．

$$\eta = 1 - \dfrac{T_d - T_a}{T_c - T_b} = 1 - \left(\dfrac{V_2}{V_1}\right)^{\gamma-1} = 1 - \dfrac{1}{\left(\dfrac{V_1}{V_2}\right)^{\gamma-1}} = 1 - \dfrac{1}{r_c^{\gamma-1}}$$

61 ・お湯は自然に冷めて，いずれ室温になる．しかし，室温の水が自然にお湯になることはない．
・冷蔵庫やエアコンを動作させるためには必ず電力が必要である．
など．

第4章　電気と磁気

1 ①電荷　②正　③負　④電気素量　⑤帯電　⑥電荷保存の法則　⑦静電気力　⑧斥

力 ⑨引力

2 陽子の電荷は $e = 1.6 \times 10^{-19}$ C で，アボガドロ定数は $N_A = 6.02 \times 10^{23}$ mol^{-1} であるから，陽子 1 mol あたりの電荷を Q とすると，$Q = eN_A = 1.6 \times 10^{-19} \times 6.02 \times 10^{23} ≒ 9.6 \times 10^4$ C/mol となる．

3 クーロンの法則より，次のようになる．

$$F = k\frac{|Q||q|}{r^2} = 9.0 \times 10^9 \times \frac{5.0 \times 4.0 \times 10^{-12}}{(3.0 \times 10^{-1})^2} = 2.0 \text{ N}$$

4 陽子と電子の電荷の絶対値は 1.6×10^{-19} C なので，クーロンの法則より，次のようになる．

$$F = k\frac{|Q||q|}{r^2} = 9.0 \times 10^9 \times \frac{(1.6 \times 10^{-19})^2}{(5.3 \times 10^{-11})^2} = 9.0 \times \frac{1.6^2}{5.3^2} \times 10^{-7}$$
$$≒ 8.2 \times 10^{-8} \text{ N}$$

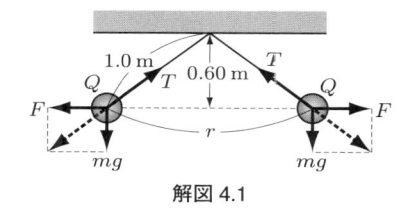

5 解図 4.1 のように，1 個の金属球には静電気力 F，重力 mg，ひもの張力 T の三つの力がはたらいてつり合っている．金属球にはたらく静電気力の大きさ F は，$F = k\dfrac{Q^2}{r^2}$ となる．また，2 個の金属球の間の距離は $r = 2\sqrt{1.0^2 - 0.60^2} = 1.6$ m である．

解図 4.1

力のつりあいより，$F : mg = \dfrac{r}{2} : 0.6 = 4.0 : 3.0$ であるから，$F = k\dfrac{Q^2}{r^2} = \dfrac{4.0}{3.0}mg$ となり，次のようになる．

$$Q = \sqrt{\frac{4.0mg}{3.0k}}r = \sqrt{\frac{4.0 \times 0.270 \times 10}{3.0 \times 9.0 \times 10^9}} \times 1.6 = \sqrt{4.0 \times 10^{-10}} \times 1.6$$
$$= 3.2 \times 10^{-5} \text{ C}$$

6 $q_A = 1.0$ μC，$q_C = 2.0$ μC，$q_B = 3.0$ μC とする．また，$r_A = 1.0$ m，$r_B = 3.0$ m とする．解図 4.2 のように，1.0 μC の点電荷が及ぼす力は右向きで，その大きさ F_A は，

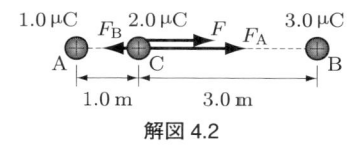

$$F_A = k\frac{q_A q_C}{r_A^2} = 9.0 \times 10^9 \times \frac{1.0 \times 10^{-6} \times 2.0 \times 10^{-6}}{1.0^2} = 1.8 \times 10^{-2} \text{ N}$$

解図 4.2

である．3.0 μC の点電荷が及ぼす力は左向きで，その大きさ F_B は，

$$F_B = k\frac{q_B q_C}{r_B^2} = 9.0 \times 10^9 \times \frac{3.0 \times 10^{-6} \times 2.0 \times 10^{-6}}{3.0^2} = 6.0 \times 10^{-3} \text{ N}$$

である．重ね合わせの原理より，求める力の大きさ F は $F = F_A - F_B = 1.8 \times 10^{-2}$

$-6.0 \times 10^{-3} = \boxed{1.2 \times 10^{-2} \, \text{N}}$ で,静電気力の向きは右向きになる.

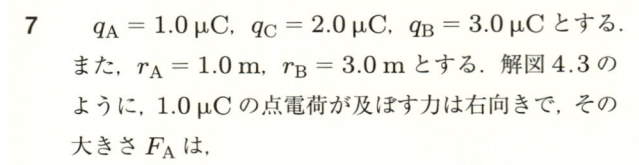

7 $q_A = 1.0 \, \mu\text{C}$, $q_C = 2.0 \, \mu\text{C}$, $q_B = 3.0 \, \mu\text{C}$ とする.また,$r_A = 1.0 \, \text{m}$, $r_B = 3.0 \, \text{m}$ とする.解図 4.3 のように,$1.0 \, \mu\text{C}$ の点電荷が及ぼす力は右向きで,その大きさ F_A は,

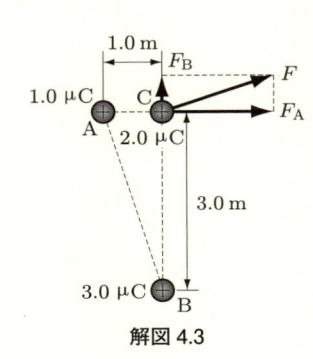

$$F_A = k \frac{q_A q_C}{r_A^2}$$
$$= 9.0 \times 10^9 \times \frac{1.0 \times 10^{-6} \times 2.0 \times 10^{-6}}{1.0^2}$$
$$= 1.8 \times 10^{-2} \, \text{N}$$

である.$3.0 \, \mu\text{C}$ の点電荷が及ぼす力は上向きで,その大きさ F_B は,

$$F_B = k \frac{q_B q_C}{r_B^2} = 9.0 \times 10^9 \times \frac{3.0 \times 10^{-6} \times 2.0 \times 10^{-6}}{3.0^2} = 6.0 \times 10^{-3} \, \text{N}$$

である.したがって,求める力の大きさ F は,重ね合わせの原理より,

$$F = \sqrt{F_A^2 + F_B^2} = \sqrt{(1.8 \times 10^{-2})^2 + (6.0 \times 10^{-3})^2} \fallingdotseq \boxed{1.9 \times 10^{-2} \, \text{N}}$$

となり,その向きは図のようになる.

8 点 A,B,C の電荷をそれぞれ q_A, q_B, q_C とする.また,正三角形 ABC の 1 辺の長さを r とする.$3.0 \, \mu\text{C}$ の点電荷 q_A が及ぼす力の大きさ F_A と,その x, y 成分 F_{Ax}, F_{Ay} は,

$$F_A = k \frac{q_A q_C}{r^2} = 9.0 \times 10^9 \times \frac{3.0 \times 10^{-6} \times 2.0 \times 10^{-6}}{3.0^2} = 6.0 \times 10^{-3} \, \text{N}$$

$$F_{Ax} = F_A \cos 60° = 6.0 \times \frac{1}{2} \times 10^{-3} \, \text{N}$$

$$F_{Ay} = F_A \sin 60° = 6.0 \times \frac{\sqrt{3}}{2} \times 10^{-3} \, \text{N}$$

となる.$1.0 \, \mu\text{C}$ の点電荷 q_B が及ぼす力の大きさ F_B と,その x, y 成分 F_{Bx}, F_{By} は,

$$F_B = k \frac{q_B q_C}{r^2} = 9.0 \times 10^9 \times \frac{1.0 \times 10^{-6} \times 2.0 \times 10^{-6}}{3.0^2} = 2.0 \times 10^{-3} \, \text{N}$$

$$F_{Bx} = -F_B \cos 60° = -2.0 \times \frac{1}{2} \times 10^{-3} \, \text{N}$$

$$F_{By} = F_B \sin 60° = 2.0 \times \frac{\sqrt{3}}{2} \times 10^{-3} \, \text{N}$$

となる.したがって,重ね合わせの原理より,次のようになる(解図 4.4).

$$F_x = F_{Ax} + F_{Bx} = (6.0 - 2.0) \times \frac{1}{2} \times 10^{-3} = \boxed{2.0 \times 10^{-3} \, \text{N}}$$

$$F_y = F_{Ay} + F_{By} = (6.0 + 2.0) \times \frac{\sqrt{3}}{2} \times 10^{-3}$$
$$\fallingdotseq 6.9 \times 10^{-3}\,\text{N}$$
$$F = \sqrt{F_x{}^2 + F_y{}^2} = \sqrt{2.0^2 + 6.9^2} \times 10^{-3}$$
$$\fallingdotseq 7.2 \times 10^{-3}\,\text{N}$$

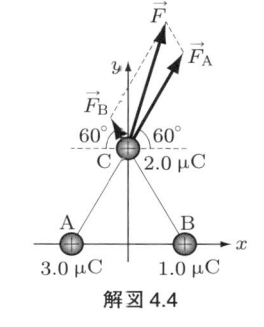

解図 4.4

9 　点 A, B, C, D の電荷をそれぞれ q_A, q_B, q_C, q_D とする. また, 正方形 ABCD の 1 辺の長さを r とする. 点 A, B, D の点電荷が及ぼす力の大きさ F_A, F_B, F_D は,

$$F_A = k\frac{q_A q_C}{(\sqrt{2}\,r)^2} = 9.0 \times 10^9 \times \frac{(1.0 \times 10^{-6})^2}{2 \times 2.0^2}$$
$$= \frac{9.0}{8.0} \times 10^{-3} \fallingdotseq 1.1 \times 10^{-3}\,\text{N}$$

$$F_B = k\frac{q_B q_C}{r^2} = 9.0 \times 10^9 \times \frac{(1.0 \times 10^{-6})^2}{2.0^2} = \frac{9.0}{4.0} \times 10^{-3} \fallingdotseq 2.3 \times 10^{-3}\,\text{N}$$

$$F_D = k\frac{q_D q_C}{r^2} = 9.0 \times 10^9 \times \frac{(1.0 \times 10^{-6})^2}{2.0^2} = \frac{9.0}{4.0} \times 10^{-3} \fallingdotseq 2.3 \times 10^{-3}\,\text{N}$$

となる. 解図 4.5 のように, 点 B の点電荷が及ぼす力と点 D の点電荷が及ぼす力は直交しており, それらの合力は, 点 A の点電荷が及ぼす力と平行である. したがって, 重ね合わせの原理より, 次のようになる.

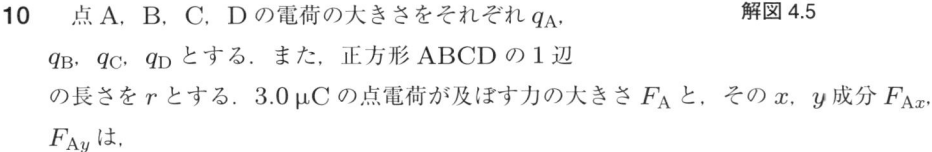

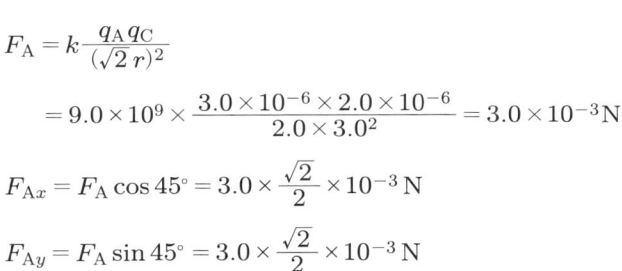

$$F = F_A + \sqrt{F_B{}^2 + F_D{}^2} = F_A + \sqrt{2}\,F_B$$
$$\fallingdotseq 4.3 \times 10^{-3}\,\text{N}$$

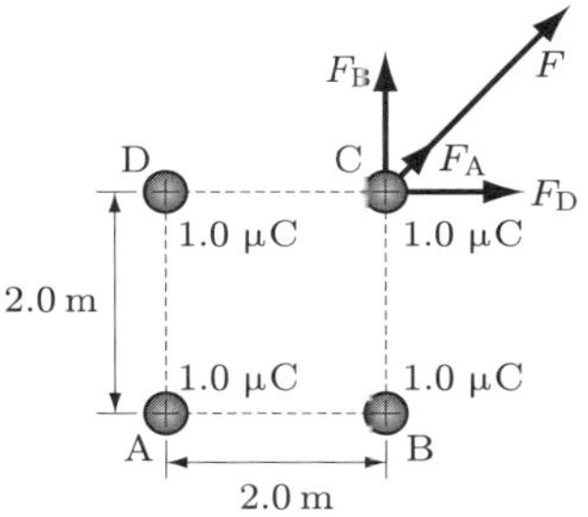

解図 4.5

10 　点 A, B, C, D の電荷の大きさをそれぞれ q_A, q_B, q_C, q_D とする. また, 正方形 ABCD の 1 辺の長さを r とする. 3.0 μC の点電荷が及ぼす力の大きさ F_A と, その x, y 成分 F_{Ax}, F_{Ay} は,

$$F_A = k\frac{q_A q_C}{(\sqrt{2}\,r)^2}$$
$$= 9.0 \times 10^9 \times \frac{3.0 \times 10^{-6} \times 2.0 \times 10^{-6}}{2.0 \times 3.0^2} = 3.0 \times 10^{-3}\,\text{N}$$

$$F_{Ax} = F_A \cos 45° = 3.0 \times \frac{\sqrt{2}}{2} \times 10^{-3}\,\text{N}$$

$$F_{Ay} = F_A \sin 45° = 3.0 \times \frac{\sqrt{2}}{2} \times 10^{-3}\,\text{N}$$

となる．$1.0\,\mu\text{C}$ の点電荷が及ぼす力の大きさ F_B と，その x, y 成分 F_{Bx}, F_{By} は，

$$F_B = k\frac{q_B q_C}{r^2} = 9.0 \times 10^9 \times \frac{1.0 \times 10^{-6} \times 2.0 \times 10^{-6}}{3.0^2} = 2.0 \times 10^{-3}\,\text{N}$$

$$F_{Bx} = -F_B \cos 90° = 0.0\,\text{N}, \quad F_{By} = F_B \sin 90° = 2.0 \times 10^{-3}\,\text{N}$$

となる．$-1.0\,\mu\text{C}$ の点電荷が及ぼす力の大きさ F_D と，その x, y 成分 F_{Dx}, F_{Dy} は，

$$F_D = k\frac{q_D q_C}{r^2} = 9.0 \times 10^9 \times \frac{1.0 \times 10^{-6} \times 2.0 \times 10^{-6}}{3.0^2} = 2.0 \times 10^{-3}\,\text{N}$$

$$F_{Dx} = F_D \cos 180° = -2.0 \times 10^{-3}\,\text{N}, \quad F_{Dy} = F_D \sin 180° = 0.0\,\text{N}$$

となる．したがって，重ね合わせの原理より，次のようになる（解図 4.6）．

$$F_x = F_{Ax} + F_{Bx} + F_{Dx}$$
$$= \left(3.0 \times \frac{\sqrt{2}}{2} - 2.0\right) \times 10^{-3}$$
$$\fallingdotseq \underline{0.1 \times 10^{-3}\,\text{N}}$$
$$F_y = F_{Ay} + F_{By} + F_{Dy}$$
$$= \left(3.0 \times \frac{\sqrt{2}}{2} + 2.0\right) \times 10^{-3}$$
$$\fallingdotseq \underline{4.1 \times 10^{-3}\,\text{N}}$$
$$F = \sqrt{F_x^2 + F_y^2} = \sqrt{0.12^2 + 4.1^2} \times 10^{-3} \fallingdotseq \underline{4.1 \times 10^{-3}\,\text{N}}$$

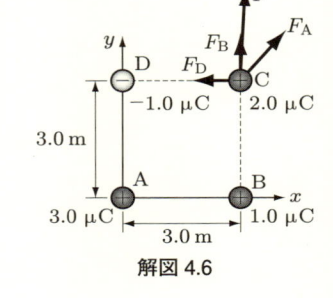

解図 4.6

11 電荷 $Q = 0.80\,\text{nC}$，距離 $r = 60\,\text{cm}$ とすると，次のようになる．

$$E = k\frac{Q}{r^2} = 9.0 \times 10^9 \times \frac{0.80 \times 10^{-9}}{0.60^2} = \underline{20\,\text{N/C}}$$

12 $q_A = 1.0\,\text{nC}$，$q_B = 2.0\,\text{nC}$ とする．また，$r_A = 1.0\,\text{m}$，$r_B = 3.0\,\text{m}$ とする．解図 4.7 のように，$1.0\,\text{nC}$ の点電荷による電界は右向きで，その強さ E_A は，

解図 4.7

$$E_A = k\frac{q_A}{r_A^2} = 9.0 \times 10^9 \times \frac{1.0 \times 10^{-9}}{1.0^2} = 9.0\,\text{N/C}$$

である．$3.0\,\text{nC}$ の点電荷による電界は左向きで，その強さ E_B は，

$$E_B = k\frac{q_B}{r_B^2} = 9.0 \times 10^9 \times \frac{2.0 \times 10^{-9}}{3.0^2} = 2.0\,\text{N/C}$$

である．重ね合わせの原理より，$E = E_A - E_B = 9.0 - 2.0 = \underline{7.0\,\text{N/C}}$ となり，その向きは<u>右向き</u>になる．

13 $q_A = 1.0\,\text{nC}$，$q_B = 3.0\,\text{nC}$ とする．また，$r_A = 1.0\,\text{m}$，$r_B = 3.0\,\text{m}$ とする．解図

4.8のように，1.0 nC の点電荷による電界は右向きで，その強さ E_A は，

$$E_A = k\frac{q_A}{r_A^2} = 9.0 \times 10^9 \times \frac{1.0 \times 10^{-9}}{1.0^2}$$
$$= 9.0 \text{ N/C}$$

である．3.0 nC の点電荷が及ぼす力は上向きで，その大きさ E_B は，

$$E_B = k\frac{q_B}{r_B^2} = 9.0 \times 10^9 \times \frac{3.0 \times 10^{-9}}{3.0^2}$$
$$= 3.0 \text{ N/C}$$

解図 4.8

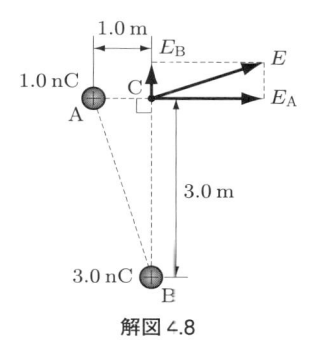

である．したがって，求める力の大きさ E は，重ね合わせの原理より，

$$E = \sqrt{E_A^2 + E_B^2} = \sqrt{(9.0)^2 + (3.0)^2} \fallingdotseq \boxed{9.5 \text{ N/C}}$$

となり，その向きは図のようになる．

14 電荷 $Q = 125$ nC，AP 間距離 $r = \sqrt{0.40^2 + 0.30^2} = 0.50$ m，点 A の点電荷による電界の強さを E_A，点 B の点電荷による電界の強さを E_B とすると，解図 4.9 のように，両者は等しく，

$$E_A = E_B = k\frac{Q}{r^2}$$
$$= 9.0 \times 10^9 \times \frac{125 \times 10^{-9}}{0.50^2}$$
$$= 4.5 \times 10^3 \text{ N/C}$$

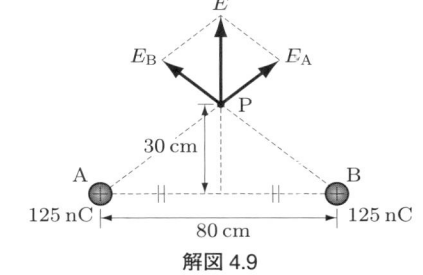

解図 4.9

である．したがって，重ね合わせの原理より，求める電界は 上向き で，その強さ E は，三角形の相似より，次のようになる．

$$E = 2 \times E_A \times \frac{0.30}{0.50} = \boxed{5.4 \times 10^3 \text{ N/C}}$$

15 点 A，B，D の電荷をそれぞれ q_A，q_B，q_D とする．また，正方形 ABCD の 1 辺の長さを r とする．点 A，B，D の点電荷による電界の強さ E_A，E_B，E_D は，

$$E_A = k\frac{q_A}{(\sqrt{2}\,r)^2} = 9.0 \times 10^9 \times \frac{2.0 \times 10^{-9}}{2 \times 3.0^2} = 1.0 \text{ N/C}$$

$$E_B = k\frac{q_B}{r^2} = 9.0 \times 10^9 \times \frac{2.0 \times 10^{-9}}{3.0^2} = 2.0 \text{ N/C}$$

$$E_D = k\frac{q_D}{r^2} = 9.0 \times 10^9 \times \frac{2.0 \times 10^{-9}}{3.0^2} = 2.0 \text{ N/C}$$

となる．解図 4.10 のように，点 B の点電荷による電界と点 D の点電荷による電界は直

交しており，それらの合成は点 A の点電荷による電界と平行である．したがって，重ね合わせの原理より，次のようになる．

$$E = E_A + \sqrt{E_B{}^2 + E_C{}^2} = E_A + \sqrt{2}\,E_B$$
$$\fallingdotseq 3.8\,\text{N/C}$$

解図 4.10

16 点 A，B，D の点電荷の電荷の大きさをそれぞれ q_A，q_B，q_D とする．また，正方形 ABCD の 1 辺の長さを r とする．

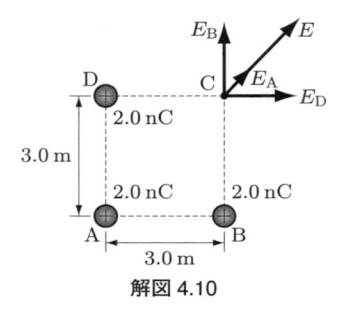

$3.0\,\text{nC}$ の点電荷による電界の強さ E_A と，その x，y 成分 E_{Ax}，E_{Ay} は，

$$E_A = k\frac{q_A}{(\sqrt{2}\,r)^2} = 9.0\times 10^9 \times \frac{3.0\times 10^{-9}}{(\sqrt{2}\times 3.0)^2} = 1.5\,\text{N/C}$$

$$E_{Ax} = E_A \cos 45° \fallingdotseq 1.1\,\text{N/C},\quad F_{Ay} = E_A \sin 45° \fallingdotseq 1.1\,\text{N/C}$$

である．$2.0\,\text{nC}$ の点電荷による電界の強さ E_B とその x，y 成分 E_{Bx}，E_{By} は，

$$E_B = k\frac{q_B}{r^2} = 9.0\times 10^9 \times \frac{2.0\times 10^{-9}}{3.0^2} = 2.0\,\text{N/C}$$

$$E_{Bx} = E_B \cos 90° = 0.0\,\text{N},\quad E_{By} = E_B \sin 90° = 2.0\,\text{N/C}$$

である．$-1.0\,\text{nC}$ の点電荷による電界の強さ E_D とその x，y 成分 E_{Dx}，E_{Dy} は，

$$E_D = k\frac{q_D}{r^2} = 9.0\times 10^9 \times \frac{1.0\times 10^{-9}}{3.0^2} = 1.0\,\text{N/C}$$

$$E_{Dx} = E_D \cos 180° = -1.0\,\text{N/C}$$

$$E_{Dy} = E_D \sin 180° = 0.0\,\text{N/C}$$

である．したがって，重ね合わせの原理より，次のようになる（解図 4.11）．

$$E_x = E_{Ax} + E_{Bx} + E_{Cx}$$
$$\fallingdotseq -1.0 + 1.1 + 0.0 = 0.1\,\text{N/C}$$
$$E_y = E_{Ay} + E_{By} + E_{Cy}$$
$$\fallingdotseq 0.0 + 1.1 + 2.0 = 3.1\,\text{N/C}$$
$$E = \sqrt{E_x{}^2 + E_y{}^2} = \sqrt{0.1^2 + 3.1^2} \fallingdotseq 3.1\,\text{N/C}$$

解図 4.11

17 解図 4.12 のように，点電荷を中心とした半径 $r\,[\text{m}]$ の球面を考える．この球面の内側には $q\,[\text{C}]$ の電荷があるから，ガウスの法則より，球面から外側に出る電気力線の総本数 N は，$N = 4\pi k q$ となる．

一方，電気力線どうしは反発し合うため，電気力線は球面

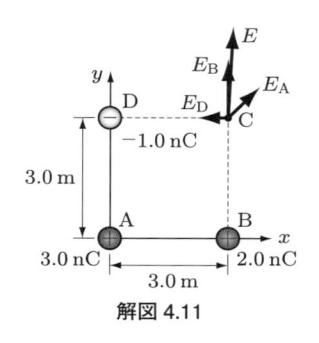

解図 4.12

に垂直であり，球面での電界の強さを E [N/C] とする
と，電気力線の総本数 N は $N = 4\pi r^2 E$ と表せる．した
がって，両者を等しいとおくと，$E = k\dfrac{q}{r^2}$ となる．

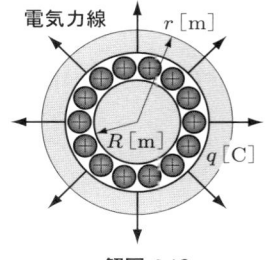

18 解図 4.13 のように，球殻の中心から半径 r [m] の球
面を考える．
($R < r$ の場合) この球面の内側には q [C] の電荷があ
るから，ガウスの法則より，球面から外側に出る電気力
線の総本数 N は，$N = 4\pi k q$ となる．一方，電気力線どうしは反発し合うため，電気力
線は球面に垂直であり，球面での電界の強さを E [N/C] とすると，電気力線の総本数
N は $N = 4\pi r^2 E$ と表せる．したがって，両者を等しいとおくと，$E = k\dfrac{q}{r^2}$ となる．
($R > r$ の場合) この球面の内側の電荷は 0 C であるから，ガウスの法則より，球面か
ら外側に出る電気力線の総本数 N は $N = 0$ となる．一方，球面での電界の強さを E
[N/C] とすると，電気力線の総本数 N は $N = 4\pi r^2 E$ と表せる．したがって，両者を
等しいとおくと，$E = \underline{0}$ となる．

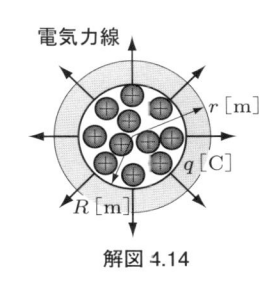

解図 4.13

19 解図 4.14 のように，球の中心から半径 r [m] の球面を
考える．
($R < r$ の場合) この球面の内側には q [C] の電荷があ
るから，ガウスの法則より，球面から外側に出る電気力線の
総本数 N は，$N = 4\pi k q$ となる．一方，電気力線どうしは
反発し合うため，電気力線は球面に垂直であり，球面での
電界の強さを E [N/C] とすると，電気力線の総本数 N
は $N = 4\pi r^2 E$ と表せる．したがって，両者を等しいとお
くと，$E = k\dfrac{q}{r^2}$ となる．
($R > r$ の場合) この球面の内側の電荷は $q\left(\dfrac{r}{R}\right)^3$ [C] であるから，ガウスの法則より，
球面から外側に出る電気力線の総本数 N は $N = 4\pi k q\left(\dfrac{r}{R}\right)^3$ となる．一方，球面での電界の強さを E[N/C]
とすると，電気力線の総本数 N は $N = 4\pi r^2 E$ と表せる．
したがって，両者を等しいとおくと，$E = kq\dfrac{r}{R^3}$ となる．

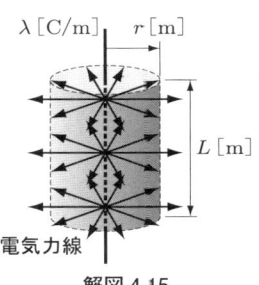

解図 4.14

20 解図 4.15 のように，無限直線を中心軸とした半径 r
[m]，長さ L [m] の円筒面を考える．この円筒面の内側
には λL [C] の電荷があるから，ガウスの法則より，円筒

解図 4.15

面から外側に出る電気力線の総本数 N は，$N = 4\pi k\lambda L$ となる．

一方，電気力線どうしは反発し合うため，電気力線は無限直線に垂直であり，それらは円筒の側面だけから出ることになる．そのため，円筒の側面での電界の強さを E [N/C] とすると，電気力線の総本数 N は $N = 2\pi rLE$ と表せる．したがって，両者を等しいとおくと，$E = \dfrac{2k\lambda}{r}$ となる．

21 解図 4.16 のように，無限に長い円筒の軸を中心軸とした半径 r [m]，長さ L [m] の円筒面を考える．($R < r$ の場合) この円筒面の内側には λL [C] の電荷があるから，ガウスの法則より，円筒面から外側に出る電気力線の総本数 N は，$N = 4\pi k\lambda L$ となる．一方，電気力線どうしは反発し合うため，電気力線は無限円筒に垂直であり，それらは円筒の側面だけから出ることになる．そのため，円筒の側面での電界の強さを E [N/C] とすると，電気力線の総本数 N は $N = 2\pi rLE$ と表せる．したがって，両者を等しいとおくと，$E = \dfrac{2k\lambda}{r}$ となる．

解図 4.16

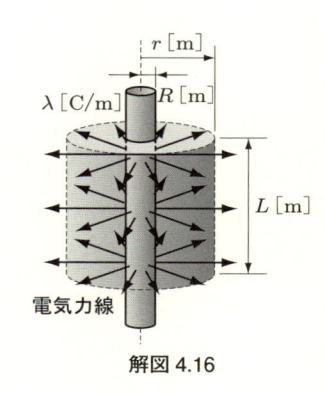

($R > r$ の場合) この円筒面の内側の電荷は 0 C であるから，ガウスの法則より，円筒面から外側に出る電気力線の総本数 N も $N = 0$ となる．一方，円筒の側面での電界の強さを E [N/C] とすると，電気力線の総本数 N は $N = 2\pi rLE$ と表せる．したがって，両者を等しいとおくと，$E = \boxed{0}$ となる．

22 解図 4.17 のように，無限に長い円柱の軸を中心軸とした半径 r [m]，長さ L [m] の円筒面を考える．($R < r$ の場合) この円筒面の内側には λL [C] の電荷があるから，ガウスの法則より，円筒面から外側に出る電気力線の総本数 N は，$N = 4\pi k\lambda L$ となる．一方，電気力線どうしは反発し合うため，電気力線は無限円柱に垂直であり，それらは円筒の側面だけから出ることになる．そのため，円筒の側面での電界の強さを E [N/C] とすると，電気力線の総本数 N は $N = 2\pi rLE$ と表せる．したがって，両者を等しいとおくと，$E = \dfrac{2k\lambda}{r}$ となる．

解図 4.17

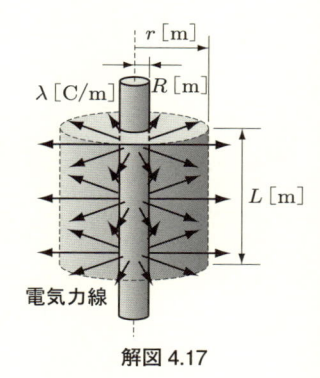

($R > r$ の場合) この円筒面の内側の電荷は $\lambda \left(\dfrac{r}{R}\right)^2 L$ [C] であるから，ガウスの法則

より，円筒面から外側に出る電気力線の総本数 N は，$N = 4\pi k\lambda \left(\dfrac{r}{R}\right)^2 L$ となる．一方，円筒の側面での電界の強さを E [N/C] とすると，電気力線の総本数 N は $N = 2\pi rLE$ と表せる．したがって，両者を等しいとおくと，$E = \boxed{2k\lambda \dfrac{r}{R^2}}$ となる．

23 　一様に帯電した無限平板が作る電界の強さは $2\pi k\sigma$ [N/C] で，電界の方向は平板から離れる方向を向く．

　したがって，解図 4.18 のように，2 枚の無限平板の外側では両者による電界が強め合い，その強さ E [N/C] は $E = \boxed{4\pi k\sigma}$ [N/C] となる．また，両者に挟まれた部分では両者による電界が打ち消し合い，その強さは $\boxed{0\ \text{N/C}}$ となる．

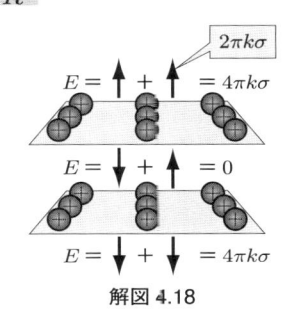

解図 4.18

24 　(1) $W_1 = qEd = 1.6 \times 10^{-2} \times 4.5 \times 10^3 \times 1.0$
　　　　$= \boxed{72\ \text{J}}$
　(2) $W_2 = qEd\cos\theta = 1.6 \times 10^{-2} \times 4.5 \times 10^3 \times 0.50\cos 60° = \boxed{18\ \text{J}}$

25 　電荷 $Q = 0.80\ \text{nC}$，距離 $r = 60\ \text{cm}$ とすると，次のようになる．
$$V = k\dfrac{Q}{r} = 9.0 \times 10^9 \times \dfrac{0.80 \times 10^{-9}}{0.60} = \boxed{12\ \text{V}}$$

26 　電荷を Q，AP 間の距離を r とする．点 A，B の点電荷による点 P での電位をそれぞれ V_A，V_B とすると，
$$V_\text{A} = V_\text{B} = k\dfrac{Q}{r} = 9.0 \times 10^9 \times \dfrac{25 \times 10^{-9}}{\sqrt{4.0^2 + 3.0^2}} = 9.0 \times \dfrac{25}{5.0} = 45\ \text{V}$$

となる．したがって，求める電位 V は，重ね合わせの原理より，$V = V_\text{A} + V_\text{B} = 45 + 45 = \boxed{90\ \text{V}}$ となる．

27 　$q_\text{A} = 1.0\ \text{nC}$，$q_\text{B} = 3.0\ \text{nC}$ とする．また，$r_\text{A} = 1.0\ \text{m}$，$r_\text{B} = 3.0\ \text{m}$ とする．点 A，B の点電荷による電位 V_A，V_B は，
$$V_\text{A} = k\dfrac{q_\text{A}}{r_\text{A}} = 9.0 \times 10^9 \times \dfrac{1.0 \times 10^{-9}}{1.0} = 9.0\ \text{V}$$

$$V_\text{B} = k\dfrac{q_\text{B}}{r_\text{B}} = 9.0 \times 10^9 \times \dfrac{3.0 \times 10^{-9}}{3.0} = 9.0\ \text{V}$$

となる．したがって，求める電位 V は，重ね合わせの原理より，$V = V_\text{A} + V_\text{B} = 9.0 + 9.0 = \boxed{18.0\ \text{V}}$ となる．

28 　①導体　②キャリア　③自由電子　④ゼロ　⑤静電誘導　⑥静電遮蔽

29 　(1) この場合，質量 m の点電荷の最初の運動エネルギーが静電気力の位置エネルギーと

なるので, $\frac{1}{2}mv_0^2 = k\frac{Qq}{R_1}$ となる. したがって, $R_1 = \frac{2kQq}{mv_0^2}$ である.

(2) この場合, 質量 m の点電荷の最初の運動エネルギーが両点電荷の運動エネルギーと静電気力の位置エネルギーとなる. また, 最接近したとき両点電荷の速度は等しくなり, その値を v_1 とすると, 運動量保存の法則から $mv_0 = mv_1 + Mv_1$ となる. したがって,

$$\frac{1}{2}mv_0^2 = k\frac{Qq}{R_2} + \frac{1}{2}mv_1^2 + \frac{1}{2}Mv_1^2$$

$$= k\frac{Qq}{R_2} + \frac{1}{2}m\left(\frac{mv_0}{m+M}\right)^2 + \frac{1}{2}M\left(\frac{mv_0}{m+M}\right)^2$$

となる. これから R_2 を求めると, $R_2 = \frac{2kQq}{mMv_0^2}(m+M)$ となる.

30 電気容量 C は $C = \varepsilon_0 \frac{S}{d}$ と書ける. ここで, ε_0 は真空の誘電率である.

(1) 金属板の面積 S を 2 倍にした場合の電気容量を C_1 とすると,

$$C_1 = \varepsilon_0 \frac{2S}{d} = 2 \times \varepsilon_0 \frac{S}{d} = 2C$$

となる. したがって, 2倍になる.

(2) 間隔 d を 2 倍にした場合の電気容量を C_2 とすると,

$$C_2 = \varepsilon_0 \frac{S}{2d} = \frac{1}{2} \times \varepsilon_0 \frac{S}{d} = \frac{1}{2}C$$

となる. したがって, $\frac{1}{2}$ 倍になる.

(3) 金属板の面積 S も間隔 d も両方 2 倍にした場合の電気容量を C_3 とすると,

$$C_3 = \varepsilon_0 \frac{2S}{2d} = \varepsilon_0 \frac{S}{d} = C$$

となる. したがって, 変わらない.

31 求める電気容量 C は,

$$C = \varepsilon_0 \frac{S}{d} = 8.85 \times 10^{-12} \times \frac{2.0}{3.0 \times 10^{-5}} = 8.85 \times \frac{2.0}{3.0} \times 10^{-7} = 0.59\,\mu\text{F}$$

となる. また, $Q = CV = 0.59 \times 10^{-6} \times 100 = 59\,\mu\text{C}$ となる.

32 次のようになる.

(1) $d = \varepsilon_0 \frac{S}{C} = 8.85 \times 10^{-12} \times \frac{1.00}{1.00 \times 10^{-6}} = 8.85 \times 10^{-6} = 8.85\,\mu\text{m}$

(2) $S = \frac{Cd}{\varepsilon_0} = \frac{1.00 \times 10^{-6} \times 1.00 \times 10^{-6}}{8.85 \times 10^{-12}} = \frac{1}{8.85} \fallingdotseq 0.113\,\text{m}^2$

33 比誘電率の定義式より, $\varepsilon = \varepsilon_r \varepsilon_0 = 4.00 \times 8.85 \times 10^{-12} = 3.54 \times 10^{-11}\,\text{F/m}$ となる.

34 極板間に何も入っていない場合の電気容量は $C = 0.59\,\mu\mathrm{F}$ であるから，$C' = \varepsilon_r C = 4.0 \times 0.59 \times 10^{-6} \fallingdotseq \boxed{2.4\,\mu\mathrm{F}}$ となる．

35 並列接続の場合は，次のようになる．
$$C_\mathrm{P} = C_1 + C_2 = 7.0 + 3.0 = \boxed{10.0\,\mu\mathrm{F}}$$
直列接続の場合は，
$$\frac{1}{C_\mathrm{S}} = \frac{1}{C_1} + \frac{1}{C_2} = \frac{1}{7.0} + \frac{1}{3.0} = \frac{3.0 + 7.0}{21}$$
から，$C_\mathrm{S} = \dfrac{21}{10} = \boxed{2.1\,\mu\mathrm{F}}$ となる．

36 まず，コンデンサー C_2 と C_3 の合成容量 C_P は，$C_\mathrm{P} = C_2 + C_3 = 2.0 + 3.0 = 5.0\,\mu\mathrm{F}$ となる．したがって，求める合成容量 C は，
$$\frac{1}{C} = \frac{1}{C_\mathrm{P}} + \frac{1}{C_1} = \frac{1}{5.0} + \frac{1}{1.0} = \frac{6.0}{5.0}$$
から，$C = \dfrac{5.0}{6.0} \fallingdotseq \boxed{0.83\,\mu\mathrm{F}}$ となる．

37 これは，極板面積 $\dfrac{S}{2}$，極板間隔 d で，極板間が真空のコンデンサーと誘電体で満たされたコンデンサーの並列接続と考えることができる．したがって，求める電気容量 C は，次のようになる．
$$C = \varepsilon_0 \frac{\frac{S}{2}}{d} + \varepsilon_0 \varepsilon_\mathrm{r} \frac{\frac{S}{2}}{d} = \boxed{\varepsilon_0 \frac{S}{2d}(1 + \varepsilon_\mathrm{r})}$$

38 コンデンサーに蓄えられる電荷 Q は，次のようになる．
$$Q = CV = 7.0 \times 10^{-6} \times 12 = \boxed{84\,\mu\mathrm{C}}$$
また，コンデンサーの静電エネルギー U は，次のようになる．
$$U = \frac{1}{2}CV^2 = \frac{1}{2} \times 7.0 \times 10^{-6} \times 12^2 \fallingdotseq \boxed{5.0 \times 10^{-4}\,\mathrm{J}}$$

39 (1) この場合，極板間電圧は V のままである．一方，コンデンサーの電気容量 C_1 は $C_1 = \varepsilon_0 \dfrac{S}{2d}$ になるので，$Q_1 = C_1 V = \boxed{\varepsilon_0 \dfrac{S}{2d} V}$ となる．

コンデンサーの静電エネルギーは，次のようになる．
$$U_1 = \frac{1}{2} C_1 V^2 = \frac{1}{2} \times \varepsilon_0 \frac{S}{2d} V^2 = \boxed{\varepsilon_0 \frac{S}{4d} V^2}$$

極板間電界の強さは，$E_1 = \boxed{\dfrac{V}{2d}}$ となる．したがって，電気容量，静電エネルギー，極板間電界の強さは半分になる．

(2) この場合，極板に蓄えられた電荷は $Q = CV = \varepsilon_0 \dfrac{S}{d} V$ のままである．一方，コン

デンサーの電気容量は C_1 になるので，極板間電圧は次のようになる．

$$V_2 = \frac{Q}{C_1} = \frac{\varepsilon_0 \dfrac{S}{d} V}{\varepsilon_0 \dfrac{S}{2d}} = \boxed{2V}$$

また，コンデンサーの静電エネルギーは，次のようになる．

$$U_2 = \frac{1}{2} C_1 V_2{}^2 = \frac{1}{2} \times \varepsilon_0 \frac{S}{2d} \times 4V^2 = \boxed{\varepsilon_0 \frac{S}{d} V^2}$$

極板間電界の強さは，$E_2 = \dfrac{2V}{2d} = \boxed{\dfrac{V}{d}}$ となる．したがって，極板間電圧は2倍に，静電エネルギーは2倍になるが，極板間電界の強さは変わらない．

40 (1) この場合，極板間電圧は V のままである．一方，コンデンサーの電気容量 C_1 は $C_1 = \varepsilon_0 \varepsilon_r \dfrac{S}{d}$ になるので，$Q_1 = C_1 V = \boxed{\varepsilon_0 \varepsilon_r \dfrac{S}{d} V}$ となり，コンデンサーの静電エネルギーは，次のようになる．

$$U_1 = \frac{1}{2} C_1 V^2 = \frac{1}{2} \times \varepsilon_0 \varepsilon_r \frac{S}{d} V^2 = \boxed{\varepsilon_0 \varepsilon_r \frac{S}{2d} V^2}$$

したがって，電気容量，静電エネルギーは ε_r 倍になる．

(2) この場合，極板に蓄えられた電荷は $Q = CV = \varepsilon_0 \dfrac{S}{d} V$ のままである．一方，コンデンサーの電気容量は C_1 になるので，

$$V_2 = \frac{Q}{C_1} = \frac{\varepsilon_0 \dfrac{S}{d} V}{\varepsilon_0 \varepsilon_r \dfrac{S}{d}} = \boxed{\frac{V}{\varepsilon_r}}$$

となる．また，コンデンサーの静電エネルギーは，次のようになる．

$$U_2 = \frac{Q^2}{2C_1} = \frac{1}{2} \times \frac{\left(\varepsilon_0 \dfrac{S}{d} V\right)^2}{\varepsilon_0 \varepsilon_r \dfrac{S}{d}} = \boxed{\frac{\varepsilon_0 S}{2d \varepsilon_r} V^2}$$

したがって，極板間電圧，静電エネルギーは $\dfrac{1}{\varepsilon_r}$ 倍 になる．

41 電荷と電流の関係より，$Q = It = 1.4 \times 2.5 = \boxed{3.5\text{ C}}$ となる．

42 電子の電荷の大きさは $e = 1.6 \times 10^{-19}$ C であるから，求める個数を N とすると，$I = \dfrac{Q}{t} = \dfrac{eN}{t}$ となる．これから，$N = \dfrac{It}{e} = \dfrac{1.0}{1.6 \times 10^{-19}} \fallingdotseq \boxed{6.3 \times 10^{18}}$ 個 となる．

43 電子の電荷の大きさは $e = 1.6 \times 10^{-19}$ C であるから，$I = enSv$ より，次のようになる．

$$v = \frac{I}{enS} = \frac{2.8}{1.6 \times 10^{-19} \times 1.4 \times 10^{29} \times 5.0 \times 10^{-7}} = \boxed{2.5 \times 10^{-4}\text{ m/s}}$$

44 オームの法則より，次のようになる．

(1) $V = RI = 2.4 \times 0.75 = $ **1.8 V**　　(2) $I = \dfrac{V}{R} = \dfrac{5.1}{1.7} = $ **3.0 A**

(3) $R = \dfrac{V}{I} = \dfrac{9.8}{1.4} = $ **7.0 Ω**

45 電気抵抗と抵抗率の関係式より，次のようになる．

$$R = \rho \dfrac{l}{S} = \rho \dfrac{l}{\pi r^2} = 1.7 \times 10^{-8} \times \dfrac{5.0 \times 10^3}{3.14 \times (1.0 \times 10^{-3})^2} \fallingdotseq \boxed{27\ \Omega}$$

46 電気抵抗と抵抗率の関係式より，次のようになる．

$$\rho = R\dfrac{S}{l} = 3.5 \times \dfrac{2.4 \times 10^{-7}}{8.4} = \boxed{1.0 \times 10^{-7}\ \Omega\cdot\text{m}}$$

47 オームの法則より，$I = \dfrac{V}{R} = \dfrac{9.0}{5.0} = $ **1.8 A** となる．電力は，$P = VI = V \times \dfrac{V}{R} = \dfrac{V^2}{R} = \dfrac{9.0^2}{5.0} \fallingdotseq $ **16 W** となる．

48 $W = Pt = VIt = 4.8 \times 0.75 \times 2.5 = $ **9.0 J**

49 電力と電圧・電流の関係は，$P = VI = \dfrac{V^2}{R} = RI^2$ である．

(1) 消費される電力 P_1 は，

$$P_1 = \dfrac{V^2}{2R} = \dfrac{1}{2} \times \dfrac{V^2}{R} = \dfrac{1}{2} \times P$$

となる．したがって，**半分**になる．

(2) 消費される電力 P_2 は，

$$P_2 = 2RI^2 = 2 \times RI^2 = 2 \times P$$

となる．したがって，**2倍**になる．

50 直列接続の場合，$R_S = R_1 + R_2 = 2.0 + 8.0 = $ **10.0 Ω** となる．

並列接続の場合，

$$\dfrac{1}{R_P} = \dfrac{1}{R_1} + \dfrac{1}{R_2} = \dfrac{1}{2.0} + \dfrac{1}{8.0} = \dfrac{4.0 + 1.0}{8.0} = \dfrac{5.0}{8.0}$$

から，$R_P = \dfrac{8.0}{5.0} = $ **1.6 Ω** となる．

51 まず，R_1，R_2 の合成抵抗 R_P は，

$$\dfrac{1}{R_P} = \dfrac{1}{R_1} + \dfrac{1}{R_2} = \dfrac{1}{1.0} + \dfrac{1}{2.0} = \dfrac{2.0 + 1.0}{2.0} = \dfrac{3.0}{2.0}$$

から，$R_P = \dfrac{2.0}{3.0} \fallingdotseq 0.67\ \Omega$ となる．したがって，求める合成抵抗 R は，$R = R_3 + R_P = 3.0 + 0.67 \fallingdotseq $ **3.7 Ω** となる．

52 電池の起電力と電流の関係式より，求める電流 I は，次のようになる．

$$I = \frac{E}{r+R} = \frac{4.8}{0.80 + 2.4} = \boxed{1.5 \text{ A}}$$

また，求める端子電圧 V は，次のようになる．
$$V = E - rI = 4.8 - 0.80 \times 1.5 = 4.8 - 1.2 = \boxed{3.6 \text{ V}}$$

53 抵抗に流れる電流を I とすれば，$I = \dfrac{E}{r+R}$ である．よって，抵抗で消費される電力 P は，$P = RI^2 = R\left(\dfrac{E}{r+R}\right)^2 = \dfrac{RE^2}{r^2 + 2rR + R^2} = \dfrac{E^2}{\dfrac{r^2}{R} + 2r + R}$ である．

分母の $\dfrac{r^2}{R} + R$ が最小となるとき，消費電力 P は最大になる．相加平均・相乗平均の関係より，$\dfrac{r^2}{R} + R \geq 2\sqrt{\dfrac{r^2}{R} \cdot R} = 2r$ である．等号が成り立つのは $\dfrac{r^2}{R} = R$ のときで，このとき P は最大になる．よって，$R = \boxed{r}$ となるとき消費電力が最大となる．

54 各抵抗を流れる電流 I_1, I_2, I_3 を，解図 4.19 のように仮定する．キルヒホッフの第1法則より，
$$I_1 + I_2 = I_3 \quad \cdots ①$$
第2法則より，
経路1について： $14 = 2I_1 + 6I_3 \quad \cdots ②$
経路2について： $15 = 3I_2 + 6I_3 \quad \cdots ③$
となる．式②，③より，$I_1 = 7 - 3I_3$, $I_2 = 5 - 2I_3$ となり，これらを式①に代入すると，$I_3 = \boxed{2.0 \text{ A}}$ と求められる．

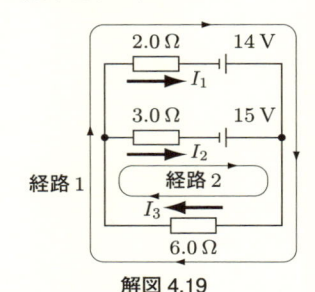

解図 4.19

したがって，$I_2 = \boxed{1.0 \text{ A}}$, $I_1 = \boxed{1.0 \text{ A}}$ となる．電流の向きは図のとおりである．

55 検流計には電流は流れなかったので，ホイートストンブリッジの関係式より，
$\dfrac{R_1}{R_2} = \dfrac{R_3}{R_x}$ となる．したがって，$R_x = \dfrac{R_3}{R_1}R_2 = \dfrac{3.0}{1.0} \times 2.0 = \boxed{6.0 \text{ Ω}}$ となる．

56 (1) 電池の起電力と電流の関係式より，求める電流 I は，次のようになる．
$$I = \frac{E}{r+R} = \frac{7.2}{0.20 + 4.6} = \boxed{1.5 \text{ A}}$$

(2) 検流計には電流は流れなかったので，抵抗線の長さ $x = 0.40$ m での電圧降下と電池の起電力 E_1 は等しい．したがって，次のようになる．
$$E_1 = R \times \frac{x}{L} \times I = 4.6 \times \frac{0.40}{1.2} \times 1.5 = \boxed{2.3 \text{ V}}$$

57 磁気に関するクーロンの法則より，次のようになる．
$$F_m = k_m \frac{|M||m|}{r^2} = 6.33 \times 10^4 \times \frac{1.0 \times 2.0}{3.0^2} \fallingdotseq \boxed{1.4 \times 10^4 \text{ N}}$$

第4章　電気と磁気

58 磁石の磁極の強さを $m = 5.00\,\text{mWb}$，点 P に置く磁極の強さを $M = 5.00\,\text{mWb}$，磁石の磁極と点 P 間の距離を $r = \sqrt{4.00^2 + 3.00^2} = 5.00\,\text{cm}$，磁石の正の磁極による磁気力の大きさを F_A，負の磁極による磁気力の大きさを F_B とすると，

$$F_\text{A} = F_\text{B} = k_\text{m}\frac{Mm}{r^2} = 6.33 \times 10^4 \times \frac{(5.00 \times 10^{-3})^2}{(5.00 \times 10^{-2})^2} = 633\,\text{N}$$

となる．したがって，重ね合わせの原理より，両者のベクトルを合成して，点 P での磁気力の向きは磁石の磁極の正から負の方向を向き，その大きさ F_m は，三角形の相似より，

$$F_\text{m} = F_\text{A}\frac{6.00}{5.00} = 633 \times \frac{6.00}{5.00} \fallingdotseq 760\,\text{N}$$

となる．また，磁界の向きは磁気力と同じ磁極の正から負の方向で，その強さ H は，$H = \dfrac{F_\text{m}}{M} \fallingdotseq 1.52 \times 10^5\,\text{N/Wb}$ となる．

59 磁界の定義式より，$F_\text{m} = mH = 0.48 \times 25 = 12\,\text{N}$ となる．

60 ① 磁化　② 磁性体　③ 常磁性体　④ 強磁性体　⑤ 反磁性体　⑥ 磁気ヒステリシス曲線

61 直線電流による磁界の式より，$H = \dfrac{I}{2\pi r} = \dfrac{2.0}{2 \times 3.14 \times 0.30} \fallingdotseq 1.1\,\text{A/m}$ となる．

62 (1) 電流 $I = 1.0\,\text{A}$，中点までの距離を $r = 4.0\,\text{m}$，点 A の直線電流による磁界の強さを H_A，点 B の直線電流による磁界の強さを H_B とすると，

$$H_\text{A} = H_\text{B} = \frac{I}{2\pi r} = \frac{1.0}{2 \times 3.14 \times 4.0} \fallingdotseq 0.040\,\text{A/m}$$

となる．しかし，両者は反対方向を向いているため，求める磁界の強さ H は，$H = H_\text{A} - H_\text{B} = 0.0\,\text{A/m}$ となる．

(2) 電流 $I = 1.0\,\text{A}$，AP 間の距離を $r = \sqrt{4.0^2 + 3.0^2} = 5.0\,\text{m}$，点 A の直線電流による磁界の強さを H_A，点 B の直線電流による磁界の強さを H_B とすると，

$$H_\text{A} = H_\text{B} = \frac{I}{2\pi r} = \frac{1.0}{2 \times 3.14 \times 5.0} \fallingdotseq 0.032\,\text{A/m}$$

となる．したがって，重ね合わせの原理より両者のベクトルを合成すると，点 P での磁界の向きは解図 4.20 のように右方向を向き，その強さ H は，三角形の相似より，次のようになる．

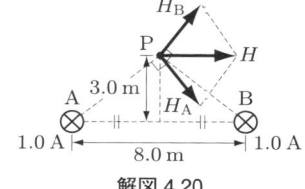

$$H = H_\text{A}\frac{6.0}{5.0} = 0.032 \times \frac{6.0}{5.0} \fallingdotseq 0.038\,\text{A/m}$$

解図 4.20

63 円形電流の中心の磁界の式より，$H = \dfrac{I}{2r} = \dfrac{3.0}{2 \times 0.20} = 7.5\,\text{A/m}$ となる．

64 直線電流，および円形電流による点 P の磁界の強さ H_L，H_C は，

$$H_L = \frac{I_L}{2\pi r} = \frac{5.0}{2 \times 3.14 \times 0.70} \fallingdotseq 1.1\,\text{A/m},$$

$$H_C = \frac{I_C}{2R} = \frac{2.0}{2 \times 0.30} \fallingdotseq 3.3\,\text{A/m}$$

である．直線電流による磁界と円電流による磁界は逆向きなので，求める磁界の強さは，$H = |H_C - H_L| \fallingdotseq \underline{2.2\,\text{A/m}}$ となる．

65 ソレノイドの内部の磁界の式より，$H = nI = 20 \times 10^2 \times 3.0 = \underline{6.0 \times 10^3\,\text{A/m}}$ となる．

66 $H = nI = \dfrac{500}{0.20} \times 1.4 = \underline{3.5 \times 10^3\,\text{A/m}}$

67 電気抵抗と抵抗率の関係式より，導線の長さを L，断面積を S とすると，

$$R = \rho\frac{L}{S} = \rho\frac{n \times 2\pi r}{\pi\left(\frac{d}{2}\right)^2} = 1.7 \times 10^{-8} \times \frac{10^3 \times 2 \times 1.0 \times 10^{-2}}{(0.50 \times 10^{-3})^2} \fallingdotseq 1.4\,\Omega$$

となる．したがって，オームの法則より，導線に流れる電流 I は，$I = \dfrac{V}{R} = \dfrac{3.0}{1.4} \fallingdotseq 2.2\,\text{A}$ となり，円筒内の磁界の強さ H は，$H = nI = 1.0 \times 10^3 \times 2.2 = \underline{2.2 \times 10^3\,\text{A/m}}$ となる．

68 直線電流が磁界から受ける力の式より，次のようになる．

$$F = \mu_0 HIL\sin\theta = 4\pi \times 10^{-7} \times 5.0 \times 4.0 \times 1.0 \times \sin 30°$$
$$\fallingdotseq \underline{1.3 \times 10^{-5}\,\text{N}}$$

69 長方形電流が受ける力のモーメントの式より，次のようになる．

$$N = IBab\cos\theta = 3.0 \times 0.2 \times 5.0 \times 10^{-2} \times 3.0 \times 10^{-2} \times \cos 30°$$
$$\fallingdotseq \underline{7.8 \times 10^{-4}\,\text{N}\cdot\text{m}}$$

70 同じ向きに平行電流が流れているとき，導線の長さ L の部分にはたらく力の向きは引き合う方向で，その大きさは $F_{12} = \mu_0 \dfrac{I_1 I_2}{2\pi r}L$ である．これから，次のようになる．

$$f = \frac{F_{12}}{L} = \mu_0\frac{I_1 I_2}{2\pi r} = 4\pi \times 10^{-7} \times \frac{4.0 \times 3.0}{2\pi \times 2.0} = \underline{1.2 \times 10^{-6}\,\text{N/m}}$$

71 平行電流が流れているとき，導線の長さ L の部分にはたらく力の大きさは $F_{12} = \mu_0 \dfrac{I_1 I_2}{2\pi r}L$ である．$f = \dfrac{F_{12}}{L}$ であるから，次のようになる．

$$I = \sqrt{f\frac{2\pi r}{\mu_0}} = \sqrt{2.0 \times 10^{-7} \times \frac{2 \times \pi \times 1.0}{4 \times \pi \times 10^{-7}}} = \underline{1.0\,\text{A}}$$

72 電荷 q の荷電粒子にはたらくローレンツ力の大きさの式より，次のようになる．

$$f = |q|vB\sin\theta = 1.6 \times 10^{-19} \times 2.0 \times 10^6 \times 0.20 \times \sin 90° = \underline{6.4 \times 10^{-14}\,\text{N}}$$

73 電界がした仕事が運動エネルギーになるので，$eV = \dfrac{mv^2}{2}$ より，$v = \sqrt{\dfrac{2eV}{m}}$ とな

る．よって，次のようになる．

$$r = \frac{mv}{eB} = \frac{m}{eB}\sqrt{\frac{2eV}{m}} = \frac{1}{B}\sqrt{\frac{2V}{\left(\frac{e}{m}\right)}} = \frac{1}{2.0\times 10^{-4}}\sqrt{\frac{2\times 220}{1.76\times 10^{11}}}$$

$$= \underline{0.25 \text{ m}}$$

74 (1) 導線に流れる電流を I とすると，オームの法則より，$E = (r+R)I$ から $I = \dfrac{E}{r+R}$ となる．一方，金属棒が磁界から受ける力の大きさは $F = IBL$ なので，$F = \underline{\dfrac{EBL}{r+R}}$ となる．

(2) 金属棒に生じる誘導起電力は $V = vBL$ である．これが電池の起電力 E と等しくなると電流 I が流れなくなり，棒が等速度運動をするので，$E = vBL$ より，$v = \underline{\dfrac{E}{BL}}$ となる．

75 (1) ファラデーの電磁誘導の法則より，コイルに生じる誘導起電力 V は，

$$V = -\frac{\Delta \Phi}{\Delta t} = BS\omega \sin \omega t$$

となる．したがって，コイルを流れる電流 I は，オームの法則より，$I = \dfrac{V}{R} = \underline{\dfrac{BS\omega}{R}\sin \omega t}$ となる．

(2) コイルを回転させるためには，誘導電流にはたらく磁界からの力のモーメントと等しい力のモーメントを加えればよいので，求める力のモーメント N は，次のようになる．

$$N = IBS\sin \omega t = \underline{\frac{\omega}{R}(BS\sin \omega t)^2}$$

(3) 力のモーメントがする仕事率は $N\omega$ である．したがって，

$$N\omega = \frac{(BS\omega \sin \omega t)^2}{R} = VI$$

となる．したがって，力のモーメントがする仕事率が抵抗で消費される電力と等しいことが示された．

76 ソレノイドの自己インダクタンスの式より，次のようになる．

$$L = \mu_r \mu_0 n^2 Sl = \mu_r \mu_0 n^2 \pi r^2 l$$
$$= 10^3 \times 4\pi \times 10^{-7} \times (10^3)^2 \times \pi(5.0\times 10^{-3})^2 \times 0.30$$
$$= \underline{0.030 \text{ H}}$$

77 コイルの自己誘導の式より，$V = \left|-L\dfrac{\Delta I}{\Delta t}\right| = 0.010 \times \dfrac{30}{0.20} = \underline{1.5 \text{ V}}$ となる．

78 コイルのエネルギーの式より，$U = \frac{1}{2}LI^2 = \frac{1}{2} \times 0.20 \times (3.0)^2 =$ 0.90 J となる．

79 交流の周波数，周期，角周波数の関係式より，次のようになる．

$$T = \frac{1}{f} = \frac{1}{60} \fallingdotseq 0.017 \text{ s}$$

$$\omega = 2\pi f = 2\pi \times 60 = 120\pi \fallingdotseq 3.8 \times 10^2 \text{ rad/s}$$

80 交流の実効値の関係式より，次のようになる．

$$I_e = \frac{V_e}{R} = \frac{100}{20} = 5.0 \text{ A}, \quad \overline{P} = V_e I_e = 100 \times 5.0 = 5.0 \times 10^2 \text{ W}$$

81 $L\omega = L \times 2\pi f = 0.20 \times 2\pi \times 60 \fallingdotseq$ 75 Ω

82 変圧器の式より，$\frac{V_{1e}}{N_1} = \frac{V_{2e}}{N_2}$ となる．

したがって，$V_{2e} = V_{1e} \frac{N_2}{N_1} = 100 \times \frac{4500}{500} =$ 900 V となる．

83 $\frac{1}{C\omega} = \frac{1}{C \times 2\pi f} = \frac{1}{2.0 \times 10^{-6} \times 2\pi \times 60} \fallingdotseq 1.3 \times 10^3$ Ω

84 $L\omega - \frac{1}{C\omega} = L \times 2\pi f - \frac{1}{C \times 2\pi f}$

$$= 2.0 \times 10^{-3} \times 2\pi \times 60 - \frac{1}{4.0 \times 10^{-3} \times 2\pi \times 60} \fallingdotseq 0.091 \text{ Ω}$$

$Z = \sqrt{R^2 + \left(L\omega - \frac{1}{C\omega}\right)^2} = \sqrt{2.0^2 + 0.091^2} \fallingdotseq$ 2.0 Ω

$\tan\phi = \frac{L\omega - \frac{1}{C\omega}}{R} = \frac{0.091}{2.0} \fallingdotseq 0.046, \quad \phi = \tan^{-1}(0.046) \fallingdotseq$ 2.6°

85 電気振動の固有角周波数の式より，次のようになる．

$$\omega_0 = \frac{1}{\sqrt{LC}} = \frac{1}{\sqrt{2.5 \times 10^{-2} \times 4.0 \times 10^{-5}}} = 1.0 \times 10^3 \text{ rad/s}$$

また，コイルの誘導リアクタンスは $L\omega_0$ だから，最大電流は，次のようになる．

$$I_0 = \frac{V_0}{L\omega_0} = \sqrt{\frac{C}{L}} V_0 = \sqrt{\frac{4.0 \times 10^{-5}}{2.5 \times 10^{-2}}} \times 10 = 0.40 \text{ A}$$

86 $c = f\lambda$ より，次のようになる．

$\lambda = 1.0 \text{ km}$ のとき： $f = \frac{c}{\lambda} = \frac{3.0 \times 10^8}{1.0 \times 10^3} = 3.0 \times 10^5 = 3.0 \times 10^2$ kHz

$\lambda = 10 \text{ m}$ のとき： $f = \frac{c}{\lambda} = \frac{3.0 \times 10^8}{10} = 3.0 \times 10^7 =$ 30 MHz

$\lambda = 10 \text{ cm}$ のとき： $f = \frac{c}{\lambda} = \frac{3.0 \times 10^8}{1.0 \times 10^{-1}} = 3.0 \times 10^9 =$ 3.0 GHz

87 $c = f\lambda$ より，次のようになる．

$f = 1.0\,\text{kHz}$ のとき： $\lambda = \dfrac{c}{f} = \dfrac{3.0 \times 10^8}{1.0 \times 10^3} = 3.0 \times 10^5 = $ $3.0 \times 10^2\,\text{km}$

$f = 1.0\,\text{MHz}$ のとき： $\lambda = \dfrac{c}{f} = \dfrac{3.0 \times 10^8}{1.0 \times 10^6} = $ $3.0 \times 10^2\,\text{m}$

$f = 1.0\,\text{GHz}$ のとき： $\lambda = \dfrac{c}{f} = \dfrac{3.0 \times 10^8}{1.0 \times 10^9} = 3.0 \times 10^{-1} = $ $30\,\text{cm}$

88 ①電波 ②赤外線 ③可視光線 ④紫外線 ⑤X線 ⑥γ線 ⑦マイクロ波

第5章 原子の世界

1 ①放電管 ②真空放電 ③陰 ④陽 ⑤陰極線 ⑥負 ⑦電子

2 (1) 1 eV は 1 V の電圧で加速された電子がもつエネルギーなので，1000 V で加速された電子がもつエネルギーは $1000\,\text{eV}$ である．これは，$eV = 1.6 \times 10^{-19}\,\text{C} \times 1000\,\text{V}$ $= 1.6 \times 10^{-16}\,\text{J}$ である．

(2) 運動エネルギー K は，電子のもつエネルギーと等しいので，$1.6 \times 10^{-16}\,\text{J}$ である．また，電子の速さ v は，$K = \dfrac{1}{2}mv^2$ より，$v = \sqrt{\dfrac{2K}{m}} = \sqrt{\dfrac{2 \times 1.6 \times 10^{-16}}{9.1 \times 10^{-31}}} = $ $1.9 \times 10^7\,\text{m/s}$ となる．

3 電子の電荷を $-e$，質量を m，加速後の電子の速さを v_0 とすると，
$$eV = \dfrac{1}{2}mv_0^2 \quad \cdots ①$$
となる．電子が電界中を運動するときの運動方程式は，次のようになる．
$$ma_x = 0, \quad ma_y = -eE \quad \cdots ②$$
電界に入ってから，時間 t 経過したときの位置を (x, y) とすると，
$$x = v_0 t, \quad y = \dfrac{1}{2}a_y t^2 \quad \cdots ③$$
となる．式①〜③から，$y = -\dfrac{E}{4V}x^2$ となる．

4 平行極板間の電界は下向きで，その大きさ E は，$E = \dfrac{V}{d}$ である．下向きを正として，求める電子の加速度を a とすると，$ma = -eE = -e\dfrac{V}{d}$ より，$a = -\dfrac{eV}{md}$ となる．よって，電子の加速度の大きさは $\dfrac{eV}{md}$ で，向きは上向きである．

5 問題4の結果より，加速度の大きさは，次のようになる．
$$a = \dfrac{eV}{md} = 1.76 \times 10^{11}\,\text{C/kg} \times \dfrac{40\,\text{V}}{3.52 \times 10^{-2}\,\text{m}} \fallingdotseq 2.0 \times 10^{14}\,\text{m/s}^2$$

6 油滴にかかる重力と静電気力がつり合うため，$mg = QE$ となる．よって，$Q = \dfrac{mg}{E}$

となる．また，$\dfrac{Q}{e} = \dfrac{mg}{eE} = \dfrac{4.8 \times 10^{-15} \times 9.8}{1.6 \times 10^{-19} \times 4.9 \times 10^4} = 6.0$ より，油滴のもつ電荷は電気素量の 6倍 である．

7 ① 正　② 原子核　③ 電子

8 ① 原子番号　② $+Ze$　③ Z　④ 陽子　⑤ 中性子　⑥ 核子　⑦ $+e$　⑧ 1836　⑨ 1839

9 ① 原子番号　② 陽子　③ 質量数　④, ⑤ 陽子，中性子　⑥ 核子　⑦ 原子番号（陽子数）　⑧ 質量数（中性子数）　⑨ 同位体

10 1836 倍

11 (1) 原子番号 Z は陽子数を，質量数 A は核子数を表す．したがって，陽子数は Z，中性子数は $A - Z$ となる．
① 陽子 11 個，中性子 12 個　② 陽子 13 個，中性子 14 個　③ 陽子 88 個，中性子 138 個　④ 陽子 92 個，中性子 143 個　⑤ 陽子 92 個，中性子 146 個
(2) 同位体（アイソトープ）

12 陽子：$\dfrac{1.6726 \times 10^{-27}}{1.6605 \times 10^{-27}} \fallingdotseq 1.0073$ u，中性子：$\dfrac{1.6749 \times 10^{-27}}{1.6605 \times 10^{-27}} \fallingdotseq 1.0087$ u

13 ① 核力　② 放射線　③ 放射性崩壊　④ 放射能

14 ① γ 線　② α 線　③ β 線　④ β 線　⑤ α 線

15 α 線は ^4_2He の原子核であるから正電荷をもち，β 線は電子 $-e$ であるから負電荷をもつ．また，γ 線は電磁波であるから，電界や磁界の影響を受けない．よって，次のようになる．
α 線：(ア), (エ)　β 線：(ウ), (カ)　γ 線：(イ), (オ)

16 最初の原子核数を N_0，t 年後の原子核数を N とすると，$\dfrac{N}{N_0} = \left(\dfrac{1}{2}\right)^{\frac{t}{T}}$ より，$\dfrac{1}{4} = \left(\dfrac{1}{2}\right)^{\frac{t}{1.4 \times 10^{10}}}$ となる．よって，$\dfrac{t}{1.4 \times 10^{10}} = 2$ より，$t = 2.8 \times 10^{10}$ 年 となる．

17 $^1_0\text{n} + {}^{14}_7\text{N} = {}^1_1\text{H} + {}^{14}_6\text{C}$ の核反応が起こると考えられる．よって，(ア) となる．これを 炭素年代測定法 という．

18 ① 質量欠損　② 結合エネルギー　③ 核分裂　④ 核融合

19 $E = mc^2$ より，$E = 1.66 \times 10^{-27}$ kg $\times (3.00 \times 10^8$ m/s$)^2 \fallingdotseq 1.49 \times 10^{-10}$ J となる．

20 (1) $\Delta m = 1 \times 1.00728 + 1 \times 1.00866 - 2.01355 \fallingdotseq 2.39 \times 10^{-3}$ u
(2) $\Delta E = 2.39 \times 10^{-3}$ u $\times 1.49 \times 10^{-10}$ J/u $\fallingdotseq 3.56 \times 10^{-13}$ J

21 核子数が保存される．
(1) ${}^{14}_7\text{N} + {}^4_2\text{He} \to {}^{17}_8\text{O} + {}^1_1\text{H}$ より，$x = 17$，$y = 8$ となる．
(2) ${}^9_4\text{Be} + {}^4_2\text{He} \to {}^{12}_6\text{C} + {}^1_0\text{n}$ より，$x = 12$，$y = 6$ となる．

22 (1) 電極 K から飛び出した光電子が電極 P に到達することで電流が流れる．したがっ

て，電流の向きは イ→ア となる．

(2) 電極 K で発生した光電子がすべて P に達するときの電流が I_0 である．電流は単位時間あたりに移動する電荷の量に等しいから，$ne = I_0$ が成り立つ．よって，$n = \dfrac{I_0}{e}$ となる．

(3) 仕事関数 W は，光電効果の限界波長の光がもつエネルギーに等しい．よって，$W = h\nu_0 = \dfrac{hc}{\lambda_0}$ となる．

(4) 金属から電子を叩き出すために仕事関数 W のぶんだけエネルギーが使われ，残りが飛び出した電子の運動エネルギーになる．よって，(3) を用いて，次のようになる．

$$\frac{1}{2}mv^2 = h\nu - h\nu_0 = \frac{hc}{\lambda} - \frac{hc}{\lambda_0} = \frac{hc(\lambda_0 - \lambda)}{\lambda\lambda_0}$$

(5) 電界からされた負の仕事によって，電極 P で運動エネルギーがゼロとなるとき $I = 0$ となる．よって，$0 = \dfrac{1}{2}mv^2 - eV_0$ となる．(4) から，

$$eV_0 = \frac{1}{2}mv^2 = \frac{hc(\lambda_0 - \lambda)}{\lambda\lambda_0} \quad \therefore V_0 = \frac{hc(\lambda_0 - \lambda)}{e\lambda\lambda_0}$$

となる．電子は電界から逆向き（P → K）の力を受けて減速するから，電極 K のほうが電位が高い．

23 限界波長を λ_0，限界振動数を ν_0 として，$h\nu_0 = h\dfrac{c}{\lambda_0} = W$ であるから，次のようになる．

$$\lambda_0 = \frac{hc}{W} = \frac{6.63 \times 10^{-34}\,\text{J·s} \times 3.00 \times 10^8\,\text{m/s}}{4.3\,\text{eV} \times 1.60 \times 10^{-19}\,\text{J/eV}} \fallingdotseq 289\,\text{nm}$$

24 (1) 電子にされた仕事 eV によって運動エネルギーが増加するから，次のようになる．

$$\frac{1}{2}mv^2 = eV \quad \therefore v = \sqrt{\frac{2eV}{m}}$$

(2) ド・ブロイ波長の式より，次のようになる．

$$\lambda = \frac{h}{m\sqrt{\dfrac{2eV}{m}}} = \frac{h}{\sqrt{2meV}}$$

(3) ブラッグの反射式を $\theta = 90°$，$n = 1$ で適用して，$2d\sin 90° = 1\cdot\lambda$ より，次のようになる．

$$d = \frac{h}{2\sqrt{2emV}}$$

25 (1) ブラッグの式 $2d\sin\theta = n\lambda$ より，$d = \dfrac{1 \times 9.0 \times 10^{-11}\,\text{m}}{2 \times \sin 15°} = 1.8 \times 10^{-10}\,\text{m}$ となる．

(2) $n = 2$ より，$\sin\theta = \dfrac{2 \times 9.0 \times 10^{-11}}{2 \times 1.8 \times 10^{-10}} = \dfrac{1}{2}$ となる．よって，$\theta = 30°$ となる．

26 エネルギー $E = h\nu$, 運動量の大きさ $p = \dfrac{h}{\lambda}$ より，次のようになる．

$$E = h\nu = \frac{hc}{\lambda} = \frac{6.63 \times 10^{-34}\,\mathrm{J \cdot s} \times 3.00 \times 10^{8}\,\mathrm{m/s}}{3.0 \times 10^{-7}\,\mathrm{m}} \fallingdotseq \boxed{6.6 \times 10^{-19}\,\mathrm{J}}$$

$$p = \frac{h}{\lambda} = \frac{6.63 \times 10^{-34}}{3.0 \times 10^{-7}} \fallingdotseq \boxed{2.2 \times 10^{-27}\,\mathrm{kg \cdot m/s}}$$

27 次の二つの法則が成り立つ．

$$\text{運動量保存の法則：} \boxed{\dfrac{h}{\lambda} + m \cdot 0 = \left(-\dfrac{h}{\lambda'}\right) + mv}$$

$$\text{エネルギー保存の法則：} \boxed{\dfrac{hc}{\lambda} + 0 = \dfrac{hc}{\lambda'} + \dfrac{1}{2}mv^2}$$

28 入射方向に x 軸，それと垂直上向きに y 軸をとる．

(1) 入射 X 線光子，散乱 X 線光子，衝突後の電子がもつ運動量の x 軸成分は，それぞれ $\dfrac{h}{\lambda}$, $\dfrac{h}{\lambda'}\cos 60° = \dfrac{1}{2} \cdot \dfrac{h}{\lambda'}$, $mv\cos\theta$ だから，次のようになる．

$$\boxed{\dfrac{h}{\lambda} = \dfrac{1}{2} \cdot \dfrac{h}{\lambda'} + mv\cos\theta} \quad \cdots ①$$

(2) 入射 X 線光子，散乱 X 線光子，衝突後の電子がもつ運動量の y 軸成分は，それぞれ 0, $\dfrac{h}{\lambda'}\sin 60° = \dfrac{\sqrt{3}}{2} \cdot \dfrac{h}{\lambda'}$, $-mv\sin\theta$ だから，次のようになる．

$$\boxed{0 = \dfrac{\sqrt{3}}{2} \cdot \dfrac{h}{\lambda'} - mv\sin\theta} \quad \cdots ②$$

(3) 次のようになる．

$$\boxed{\dfrac{hc}{\lambda} = \dfrac{hc}{\lambda'} + \dfrac{1}{2}mv^2} \quad \cdots ③$$

(4) 式①，②より，

$$\cos\theta = \frac{h}{mv}\left(\frac{1}{\lambda} - \frac{1}{2\lambda'}\right) = \frac{h}{2mv\lambda\lambda'}(2\lambda' - \lambda)$$

$$\sin\theta = \frac{\sqrt{3}\,h}{2mv\lambda'}$$

となる．これらを $\sin^2\theta + \cos^2\theta = 1$ に代入すると，

$$1 = \left(\frac{h}{2mv\lambda'\lambda}\right)^2\{(\sqrt{3}\lambda)^2 + (2\lambda' - \lambda)^2\} = \left(\frac{h}{2mv\lambda'\lambda}\right)^2(4\lambda'^2 - 4\lambda'\lambda + 4\lambda^2)$$

$$= \left(\frac{h}{mv\lambda'\lambda}\right)^2\{(\lambda' - \lambda)^2 + \lambda'\lambda\} \fallingdotseq \frac{h^2}{m^2v^2\lambda'\lambda}$$

より，$\dfrac{1}{2}mv^2 = \dfrac{h^2}{2m\lambda'\lambda}$ となる．これを，式③に代入し，両辺に $\lambda'\lambda$ をかけて整理すると，$\boxed{\lambda' - \lambda = \dfrac{h}{2mc}}$ となる．

29 (1) 加速後の電子の速さを v とすると，$eV = \dfrac{1}{2}mv^2$ から，$v = \sqrt{\dfrac{2eV}{m}}$ となる．

これより，運動量は，$mv = \boxed{\sqrt{2meV}}$ となる．

(2) 散乱後の電子の運動量を p とすると，運動量保存の法則により，

$$\sqrt{2meV} = p\cos\theta, \quad \dfrac{h}{\lambda} = p\sin\theta - \dfrac{h}{\lambda'}$$

となる．この連立方程式を解いて，$\tan\theta = \boxed{\dfrac{h(\lambda + \lambda')}{\lambda\lambda'\sqrt{2meV}}}$ となる．

30 ①，④

31 ①物質波（またはド・ブロイ波）　②回折像　③電子波

32 ド・ブロイ波長 $\lambda = \dfrac{h}{mv}$ より，次のようになる．

$$\lambda = \dfrac{h}{mv} = \dfrac{h}{\sqrt{2meV}} = \dfrac{6.63 \times 10^{-34}\,\text{J·s}}{\sqrt{2 \times 9.1 \times 10^{-31}\,\text{kg} \times 1.6 \times 10^{-19}\,\text{C} \times 600\,\text{V}}}$$

$\fallingdotseq \boxed{5.0 \times 10^{-2}\,\text{nm}}$

33 水素原子のスペクトルの式 $\dfrac{1}{\lambda} = R\left(\dfrac{1}{n'^2} - \dfrac{1}{n^2}\right)$ において，バルマー系列は $n' = 2$ にあたる．よって，次のようになる．

$$\lambda = \dfrac{1}{R}\dfrac{n^2 \cdot n'^2}{n^2 - n'^2} = \dfrac{1}{1.1 \times 10^7\,\text{m}^{-1}} \times \dfrac{3^2 \times 2^2}{3^2 - 2^2} \fallingdotseq \boxed{6.5 \times 10^{-7}\,\text{m}}$$

34 ①波動　②定常状態　③一周の長さ（または円周）　④波長　⑤量子条件　⑥光（光子）　⑦ $\Delta E = h\nu$

35 電子波が円軌道上で定常波を作るには，円軌道の1周の長さ $2\pi r$ が電子波の波長 $\lambda = \dfrac{h}{mv}$ の整数倍でなければならない．よって，次のようになる．

$$2\pi r = \dfrac{h}{mv}n \quad (n = 1, 2, 3, \cdots)$$

36 放出される光子の振動数を ν とすると，求めるエネルギーは，

$$h\nu = (-2.42 \times 10^{-19}) - (-5.45 \times 10^{-19}) = \boxed{3.03 \times 10^{-19}\,\text{J}}$$

となる．これより，次のようになる．

$$\nu = \dfrac{3.03 \times 10^{-19}}{h} = \dfrac{3.03 \times 10^{-19}}{6.63 \times 10^{-34}} \fallingdotseq \boxed{4.57 \times 10^{14}\,\text{Hz}}$$

$$\lambda = \dfrac{c}{\nu} = \dfrac{3.00 \times 10^8\,\text{m/s}}{4.57 \times 10^{14}\,\text{Hz}} \fallingdotseq \boxed{656\,\text{nm}}$$

37 (1) 電子にはたらく静電気力の大きさは $k\dfrac{e^2}{r^2}$ である．これが円運動の向心力 $m\dfrac{v^2}{r}$ に等しいから，$k\dfrac{e^2}{r^2} = m\dfrac{v^2}{r}$ の関係が得られる．電子の運動エネルギーは $\dfrac{1}{2}mv^2$ で，静

電気力による位置エネルギーは $-k\dfrac{e^2}{r}$ であるから，全エネルギー E は，次のようになる．

$$E = \frac{1}{2}mv^2 - k\frac{e^2}{r} = \frac{1}{2}k\frac{e^2}{r} - k\frac{e^2}{r} = \boxed{-k\frac{e^2}{2r}}$$

(2) $k\dfrac{e^2}{r^2} = m\dfrac{v^2}{r}$ より，電子の運動量は $mv = \sqrt{k\dfrac{e^2}{r}m} = e\sqrt{\dfrac{km}{r}}$ となる．よって，ド・ブロイ波長 λ は，$\lambda = \dfrac{h}{mv} = \boxed{\dfrac{h}{e}\sqrt{\dfrac{r}{km}}}$ となる．

(3) 半径 r の円軌道の一周の長さは $2\pi r$ であるから，$2\pi r = n\lambda = \dfrac{nh}{e}\sqrt{\dfrac{r}{km}}$ より，$r = \dfrac{n^2h^2}{4\pi^2kme^2}$ となる．よって，全エネルギー E は，$E = -k\dfrac{e^2}{2r} = \boxed{\dfrac{2\pi^2k^2me^4}{n^2h^2}}$ となる．

38 (1) $h\nu = E_n - E_{n'} = (-3.4) - (-13.6) = 10.2\,\text{eV}$ より，$10.2 \times 1.6 \times 10^{-19}\,\text{J} = \boxed{1.63 \times 10^{-18}\,\text{J}}$

(2) 基底状態は $n = 1$ であるから，エネルギー準位は $-13.6\,\text{eV}$ である．イオン化するには，$E = 0$ のエネルギー状態に励起しなければならないので，必要な最低エネルギー W は，$0 = (-13.6) + W$ より，$W = \boxed{13.6\,\text{eV}}$ となる．必要な電磁波の波長 λ は，$h\nu \geqq W$，$c = \nu\lambda$ より，$\dfrac{hc}{\lambda} \geqq W$ となるから，

$$\lambda \leqq \frac{hc}{W} = \frac{6.63 \times 10^{-34}\,\text{J·s} \times 3.00 \times 10^8\,\text{m/s}}{13.6 \times 1.6 \times 10^{-19}\,\text{J}} \fallingdotseq 91\,\text{nm}$$

となる．よって，$\boxed{91\,\text{nm}}$ 以下の波長が必要である．

39 (1) 電子が電圧 $4.9\,\text{V}$ で加速されることで得るエネルギー $4.9\,\text{eV}$ が，水銀原子のエネルギー準位の差と等しいため，電圧が $4.9\,\text{V}$ 増すごとに水銀原子にエネルギーを吸収されて電子が電極 P に到達できなくなり，電流 I が低下する．

(2) 振動数条件より，$h\nu = h\dfrac{c}{\lambda} = \Delta E$ である．したがって，次のようになる．

$$h = \frac{4.9 \times 1.6 \times 10^{-19} \times 2.537 \times 10^{-7}}{3.00 \times 10^8} \fallingdotseq \boxed{6.6 \times 10^{-34}\,\text{J·s}}$$

(3) 電圧 V によって電子が得るエネルギー eV が，吸収スペクトルの波長 λ の光子のエネルギー $\dfrac{hc}{\lambda}$ と等しくなると，ナトリウム原子にエネルギーを吸収されて電流が低下する．したがって，

$$V = \frac{hc}{e\lambda} = \frac{6.6 \times 10^{-34} \times 3.00 \times 10^8}{1.6 \times 10^{-19} \times 5.90 \times 10^{-7}} \fallingdotseq \boxed{2.1\,\text{V}}$$

ごとに電流が減少する．

40 (1) eV

(2) 放出された X 線光子がもつエネルギー $h\nu$ の最大値は，電子 1 個がもつ運動エネルギー eV であるから，$h\nu = \dfrac{hc}{\lambda} \leq eV$ より，$\lambda \geq \dfrac{hc}{eV}$ が成り立つ．よって，$\dfrac{hc}{eV}$ となる．

(3) 固有 X 線（または 特性 X 線）．衝突によって金属原子の内側の軌道の電子がたたき出され，その空いた場所へ外側の軌道の電子が落ち込むことによって発生する．

41 u クォークの電荷を x，d クォークの電荷を y とすると，陽子の電荷は $+e$，中性子の電荷は 0 だから，
$$2x + y = +e, \quad x + 2y = 0$$
となる．2 式より，$x = +\dfrac{2}{3}e$，$y = -\dfrac{1}{3}e$ となる．

42 π^+ 中間子は電荷が $+e$ だから，$+e = +\dfrac{2}{3}e + \dfrac{1}{3}e$ より，$u\bar{d}$ と表され，π^- 中間子は電荷が $-e$ だから，$-e = -\dfrac{2}{3}e - \dfrac{1}{3}e$ より，$\bar{u}d$ と表される．

43 (1) 1 倍 (2) 2 倍 (3) -1 倍

監修者
潮　秀樹　東京工業高等専門学校名誉教授　博士(理学)

執筆者[五十音順]
潮　秀樹　東京工業高等専門学校名誉教授　博士(理学)
大野　秀樹　東京工業高等専門学校教授　博士(物理学)
小島洋一郎　北海道科学大学教授　博士(工学)
竹内　彰継　米子工業高等専門学校教授　博士(理学)
中岡鑑一郎　茨城工業高等専門学校名誉教授　理学博士
原　嘉昭　茨城工業高等専門学校教授　博士(理学)

編集担当　富井　晃(森北出版)
編集責任　石田昇司(森北出版)
組　版　　ケイ・アイ・エス
印　刷　　創栄図書印刷
製　本　　創栄図書印刷

高専テキストシリーズ　　Ⓒ 潮秀樹・大野秀樹・小島洋一郎・竹内彰継・
物理問題集　　　　　　　　中岡鑑一郎・原嘉昭　　　　　　　2013

2013年10月7日　第1版第1刷発行　【本書の無断転載を禁ず】
2023年2月10日　第1版第5刷発行

著　　者　潮秀樹・大野秀樹・小島洋一郎・竹内彰継・
　　　　　中岡鑑一郎・原嘉昭
発 行 者　森北博巳
発 行 所　森北出版株式会社
　　　　　東京都千代田区富士見1-4-11(〒102-0071)
　　　　　電話 03-3265-8341／FAX 03-3264-8709
　　　　　https://www.morikita.co.jp/
　　　　　日本書籍出版協会・自然科学書協会　会員
　　　　　JCOPY ＜(一社)出版者著作権管理機構 委託出版物＞

落丁・乱丁本はお取替えいたします.
Printed in Japan／ISBN978-4-627-15531-2